子どもの疑問に答える

わが家のエコロジー大作戦

気象予報士
田崎久夫
Hisao Tasaki

日本教文社

プロローグ

❖環境保護って、わたしたちに何ができるの？

わたしたちの故郷、地球。

この青く美しい星において、今、環境の危機が叫ばれています。この問題は、テレビや新聞などのマスメディアで、連日のように取りあげられていることもあって、巷《ちまた》では「このままでは、大変なことになるらしい」

と、多くの人が感じはじめています。しかし「じゃあ、そのために何をしたらいいのか？」と聞かれると、正直なところ「よくわからない」と答えるのが、多くの人の実感ではないでしょうか。

かといって、わたしたちも何もしていないわけではありません。行政が作成した刊行物がよくポストに入っていて、そこには「環境対策マニュアル」のようなことが絵入りで紹介されていたりします。ですから、多くの人は漠然とではありますが、そのマニュアルに書いてあるようなことをしなきゃという意識はもっているのです。

たとえば、だれもが「リサイクルが必要」だとわかっていますから、リサイクルできるものは、できるだけリサイクルをしようと心がけている人は多いと思います。コンビニエンスストアに行くと、飲み終わった缶やビン、ペットボトルを入れる「リサイクルボックス」がありますから、たいていの人は、それぞれのボックスに、それぞれのものを入れているようです。

少しぐらい高価でも、ノートなどは、できるだけ再生紙を利用したものを選んで買う人も見かけます。スーパーで買ったものを詰め込むときにも、使い捨てのビニール袋をもらわずに、自分で持参した「エコバッグ」を使う人もふえてきました。

ゴミの問題にしても同じで、住んでいる地域によって多少の違いはありますが、かなり細かい分別・収集にも、だいたいみんな協力していますね。もちろん、面倒なので少々文句を言いたくなることもありますが。

❖環境はちっともよくなっていない？

このように見ていくと、以前に比べればずいぶんと「環境にいい」と思われることに多くの人は取り組んでいるわけです。でも、本当にそれだけで、環境対策はじゅうぶんなのでしょうか？

むしろ「環境対策は、もうじゅうぶんやっている」と確信をもって言える人など、ほとんど

いないのではないでしょうか。というより、

「環境のためと、多くの人が日頃からいろいろな取り組みをやっているのに、環境がよくなったというような話はサッパリ聞こえてこないなぁ」

というのが本音ではないでしょうか。わたしたち一般の家庭人ができることぐらいでは、環境はそう簡単に変わらないだろう、という思いがあるわけですね。というより、世界の産業構造が変わらない限り、地球環境がよくなるわけがない。何をやっても同じだろう、というふうに多くの人は漠然と感じているのです。


それでは、わたしたちにできることぐらいでは、環境は変わらないのでしょうか？　環境をよりよく保つために、わたしたちにも何かできるのでしょうか？　また、わたしたちの取り組みに、足りないところがあるとしたら、それはいったい何で、どこをどうしたらいいのでしょうか？……このような素朴な疑問から、本書は出発したいと思います。

❖地球温暖化は生活習慣病

これまで多くの人は、

「地球環境の保護なんていうデカイことは、政治家かだれかが考えてくれるだろう。ぼくらは、少々面倒でも、決められたことを守るぐらいしか、できることなんてないよ」

というふうに思っていました。正直な気持ちでしょう。たしかに、地球全体のことを考えたときには、わたしたち一人ひとりの力は、ちっぽけなものです。でも、地球環境というのは、どこか遠くにある問題ではなく、わたしたち一人ひとりの「生活習慣」とかかわるものなのです。つまるところ、環境破壊とは、わたしたちの生活習慣が生みだしたものだと考えることもできると思います。

もし、環境破壊がわたしたちの生活習慣によって生み出されつつあるのなら、その生活習慣をもう一度見直すことが、問題の解決のためにぜひとも必要なのではないでしょうか。

人類の活動によって、地球がその本来の姿でなくなってきていることを「環境問題」ととらえるならば、人間が活動している限り、地球環境にとって「いいこと」があるとは思えないわけです。極端にいえば、そこには「とても悪いこと」と「少しだけ悪いこと」があるだけなのです。

環境問題においては、「これだけしておけばよい」といった免罪符はありません。わたしたち一人ひとりが、「自分の生活が環境に与える影響」を正しく理解することが、問題解決のたった一つのカギなのです。

以前「成人病」と呼ばれていた高血圧や糖尿病は、成人になったからかかる病気ではなく、子供であってもその人の〝生活習慣〟が原因となっている病気だということで、「生活習慣病」

と呼ばれるようになりました。

じつは、環境問題もれっきとした「生活習慣病」なのです。病気の克服のためには、賢《かしこ》い患者にならなければなりません。

環境問題といってしまうと、とても幅広い問題なので、本書では、地球の温度が上昇する「地球温暖化」をテーマにして、わたしたちの生活習慣と地球環境について考えてみたいと思います。

❖ごくふつうの親子の会話

次にあげるのは、あるごくふつうの家庭での親子の会話です。

大地――「お父さん。地球が温暖化しているってテレビで言ってたけど、どういうことなの?」
陽一――「地球の温度が上昇しているってことだよ」
大地――「夏がもっと暑くなって、冬が寒くなくなるってこと?」
陽一――「そういうふうに言えなくもないけど、それだけじゃなくて、温暖化によって、異常気象やいろんなことが起きているらしいんだけど、そういうことが問題じゃないのかなぁ」

大地――「じゃあ、ぼくたちどうすればいいの？」

陽一――「リサイクルを奨励《しょうれい》するとか、省エネ自動車を開発するとか、世間ではいろいろ取り組んでいるみたいだけどね」

大地――「ぼくたちは何もしなくていいの？」

陽一――「何もしてないわけじゃない。リサイクルのため、ちゃんとゴミの分別・収集に協力しているだろう？」

大地――「うん。でも、それだけでいいの？」

陽一――「それだけでいいってことはないだろうけど。うーん。リサイクルやゴミの分別などでも、やりはじめると『大変そうだ』とか『面倒だ』とか思うけどね。でもそれだけやっていればいいのかというと、よくわからないな。どうだ大地、いい機会だから、地球温暖化について、みんなでいろいろと調べてみないか？」

このようなやりとりが、一般家庭におけるごくふつうの、環境問題に関する（初歩的な）親子の会話なのではないでしょうか。本書では、この会話をきっかけに、環境という問題に真剣に取り組んでいく、ある家族の姿を描いてみようと思います。そうすることで、みなさんと一緒に、環境問題において、一般家庭ができる取り組みとは何なのかを探ってみたいと思います。

たとえば、わたしたちは「地球温暖化という病気にかかった患者」だというふうに想像してみましょう。そしてこの病気をよく理解し、しっかり克服するために、賢い患者になる努力が必要だと思ってみましょう。たとえ少々苦《にが》い薬が必要になっても、それがどんな薬なのかをよく理解していれば、いくらか飲みやすくなるものだからです。

★登場人物

江木野（エコノ）家のみなさん

［父親］陽一＝三十九歳。東京の会社に勤務するサラリーマン。

［母親］みどり＝三十八歳。近所のスーパーでパート勤務。

［息子］大地＝小学六年生。体育と理科が好き。結構おっちょこちょい。

［娘］風子＝小学三年生。しっかりもの。通称＝ふーちゃん。

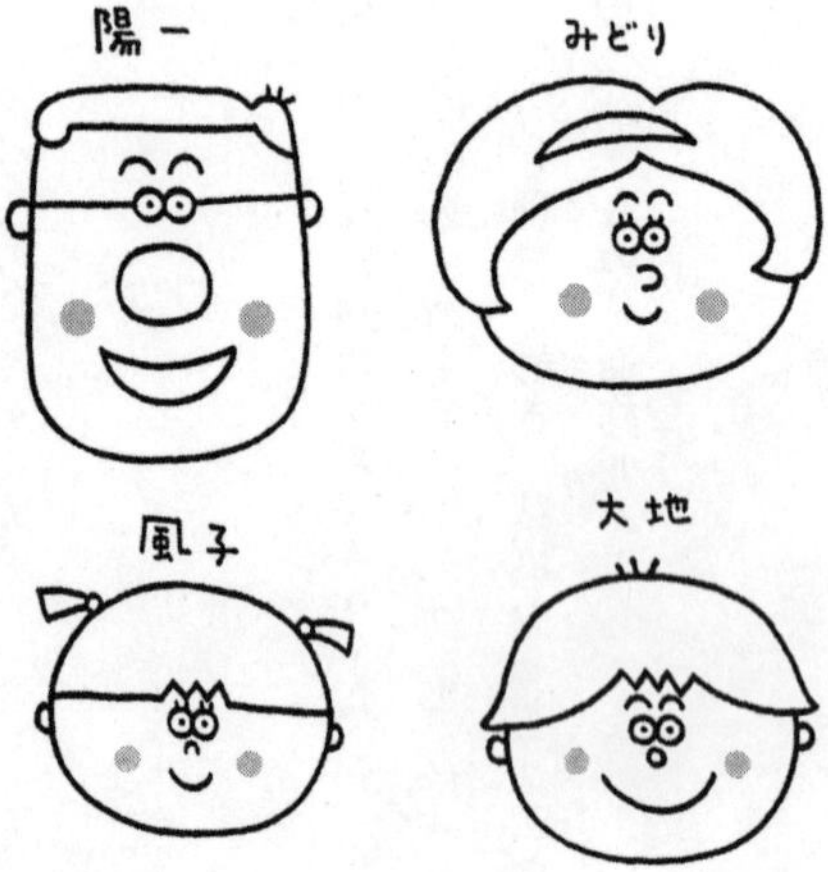
陽一
みどり
風子
大地

わが家のエコロジー大作戦

子どもの疑問に答える

目次

▼CONTENTS

プロローグ……1

第1章　地球がどんどん温かくなっている！……17

第2章　地球温暖化警報、発令中！——異常気象の時代……73

第3章　江木野家の温暖化対策——できることからはじめよう!……119

――地球温暖化警報、発令中！――

首都圏の温度が上昇するヒートアイランド現象

（2001年1月18日の最低気温）

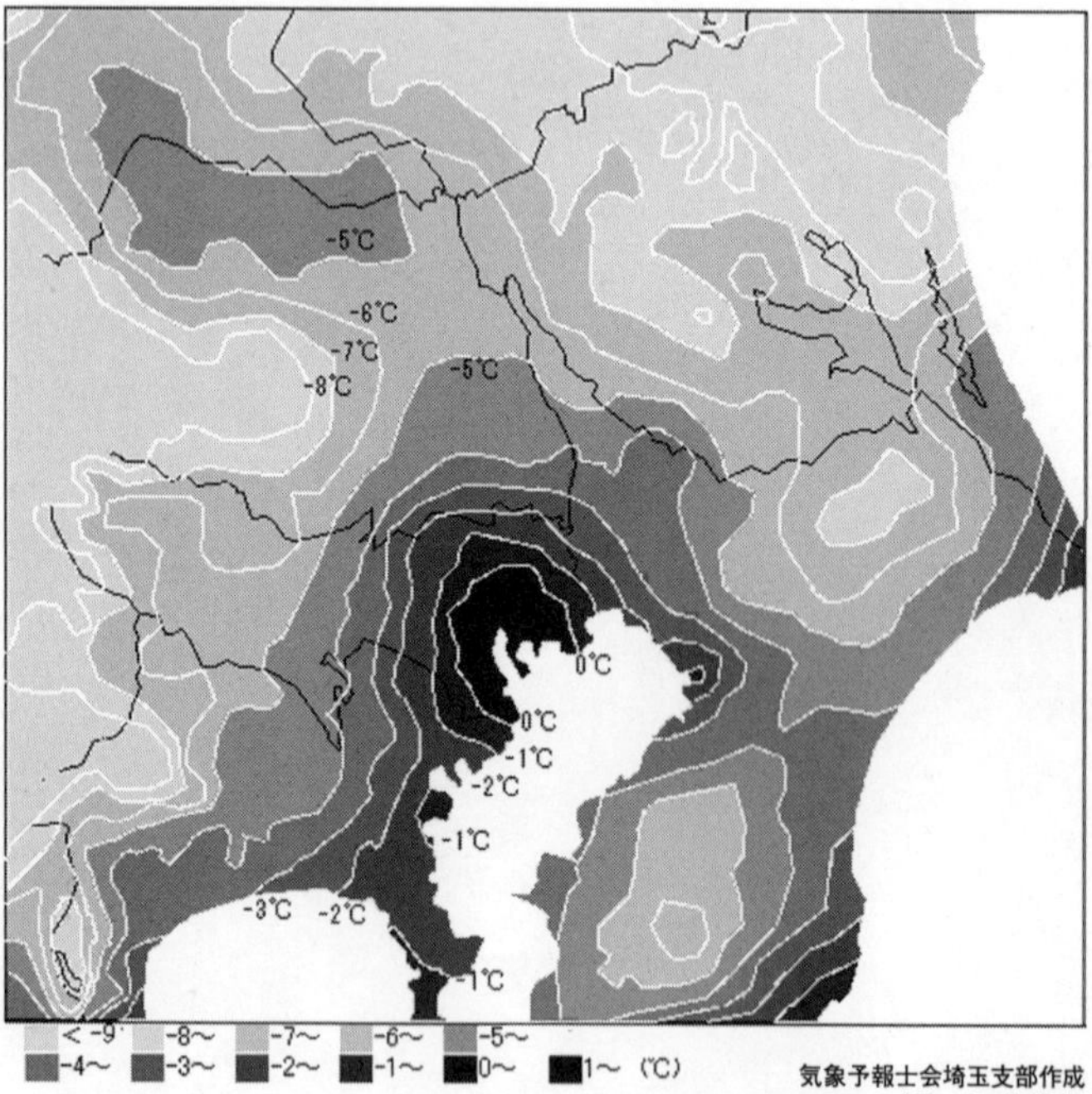

気象予報士会埼玉支部作成
（データ：気象庁）

第1章

地球がどんどん温かくなっている！

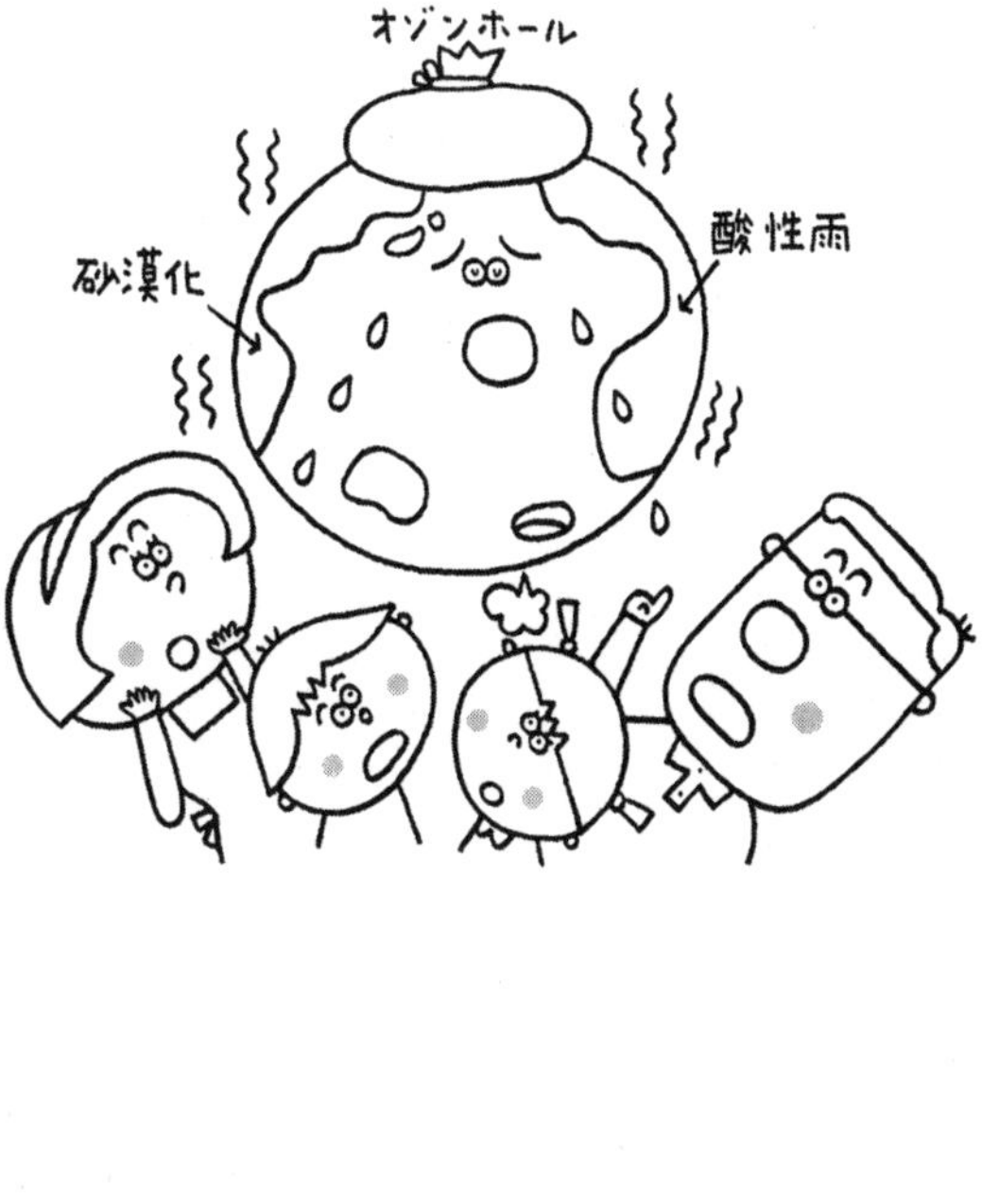

❖ 地球温暖化ってなあに？

では、もう一度、江木野《エコノ》家の親子の素朴な会話からスタートしてみましょう。

大地――「お父さん。地球が温暖化してるって言われているけど、地球がどうなっちゃうわけなの？」

陽一――「まあ、地球の温度が上がるってことだろうな」

大地――「それぐらいわかってるよ。でも、地球の温度が上がるって、どれぐらい上がっているの？」

陽一――「結構上がっているんじゃないかな」

大地――「結構って、どれくらいなの？」

陽一――「え？ まぁそりゃあ調べてみないとわからないけどな。でも、夏なんかさあ、年々暑くなっているような感じがするよな」

大地――「うん。去年の夏も、その前に比べて、もっと暑かったような気がする。だけど、暑さとか寒さって、その年によって違うんじゃないの？ 暑い夏もあるけど、涼しい夏のときもあるんじゃないの？」

陽一――「もちろんそうさ。自然界のことだからいろいろあるよ。そういえば、温暖化しているからって、冬が暖かくなったというような話はあんまり聞かないような気がするけどなあ」

大地――「お父さん、テレビ見てないの？　最近は暖冬なんだって。でも、暑い夏は困るけど、冬暖かいのはいいんじゃないの」

陽一――「冬暖かいとスキーができなくなるぞ」

大地――「スキー場だけは雪が降ったほうがいいけど」

陽一――「そんなに都合よくはいかないよ、それに世界中の温度が上昇しているとなると、スキーができないだけではすまないだろうな。深刻な問題になると思うよ」

大地――「そうかぁ。じゃあ、どれくらい地球の温度が上がっていて、どのような影響がでているのか、調べてみようよ！」

❖ 地球温暖化のメカニズム

「地球温暖化」という言葉を、わたしたちは最近、頻繁《ひんぱん》に耳にするようになりました。地球温暖化というのは、もちろん読んで字のごとく、地球の温度が上昇しているという意味です。気温のことですね。では、どのぐらい上昇しているのでしょうか。

図に示したのは、地球全体（陸上のみ）の過去一〇〇年間の平均気温の変化です。年によって暖かかったり、寒かったりという変動はありますが、この一〇〇年で、ほぼ一℃気温が上昇しているのがわかります。今年の夏は、暑いのか、涼しいのか、についてはよく話題になりますが、長い間の少しずつの変化は、気がつきにくいものです。しかし、このように長い間の温度変化を見てみると、確実に温度が上がっていることがわかると思います。

図1―1で0℃で示してあるのは、一九七一年から二〇〇〇年までの三〇年間の平均値です。現在の平年の値と考えられます。つまり、今、ふつうの温度と考えられている平年の気温も、過去から比べると、ずいぶん上昇しているのが、わかります。

では、さらに昔はどうだったのでしょう。北半球の過去一〇〇〇年間の平均気温の変化を示す資料が図1―2です。この図が示すのは、氷河の底にある「古い氷」ができたスピードとか、長い年月を生き延びてきた大木の年輪とか、珊瑚《さんご》の成長の度合いとかを解析することによって、そこから推定された「経年変化」です。

こういう測定から得られるものは、もちろん「推定」であり、そこに誤差が生じることはたしかですが、そういうことを差し引いても、過去一〇〇～二〇〇年における温度変化の異常なスピードが理解されると思います。

いずれにしても、地球の温度が一℃変化するのに、平均して数千年もかかっていたと考えら

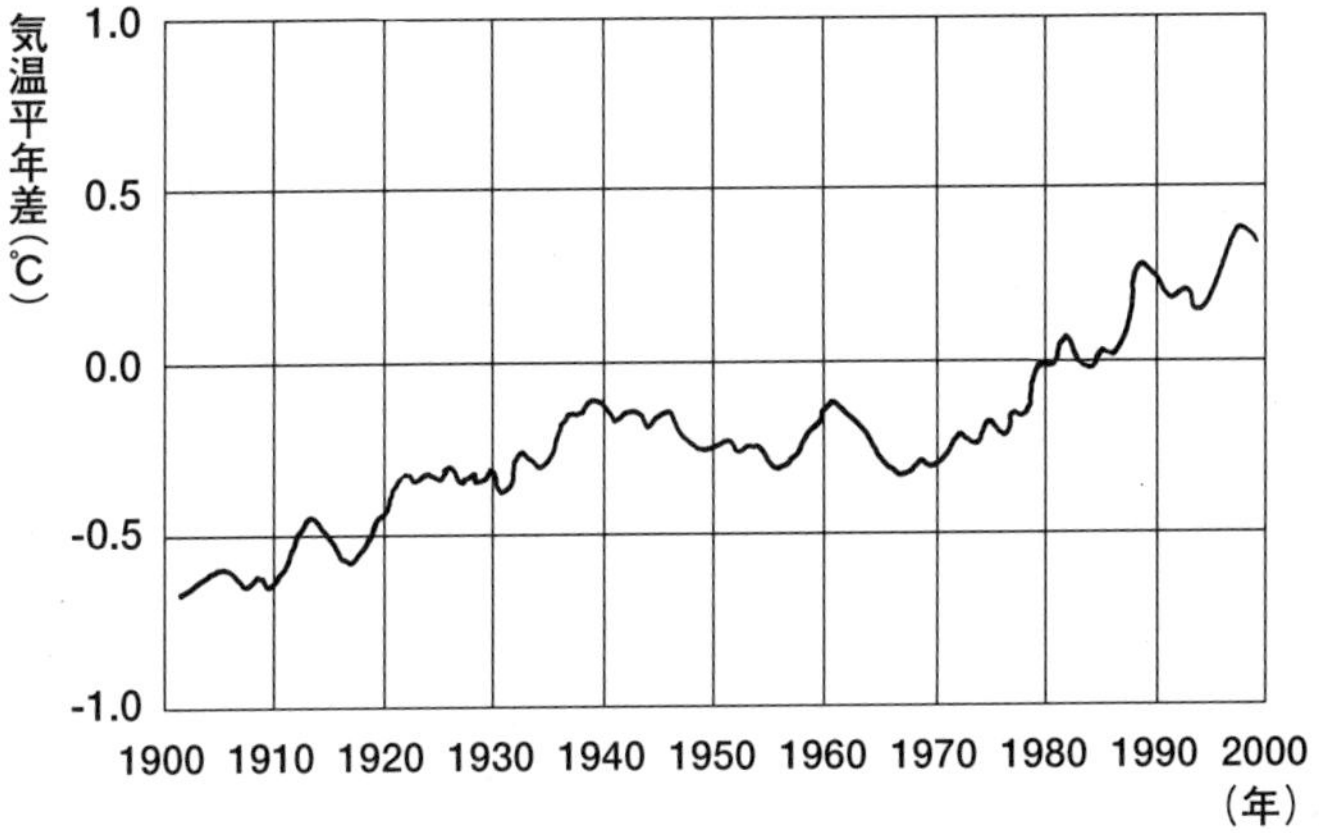

図1-1　地球全体（陸上のみ）の年平均気温の経年変化（1901～2000年）の５年移動平均
この図の平年値（０℃）は1971～2000年の30年間の平均です。
「20世紀の日本の気候」（気象庁）より改変

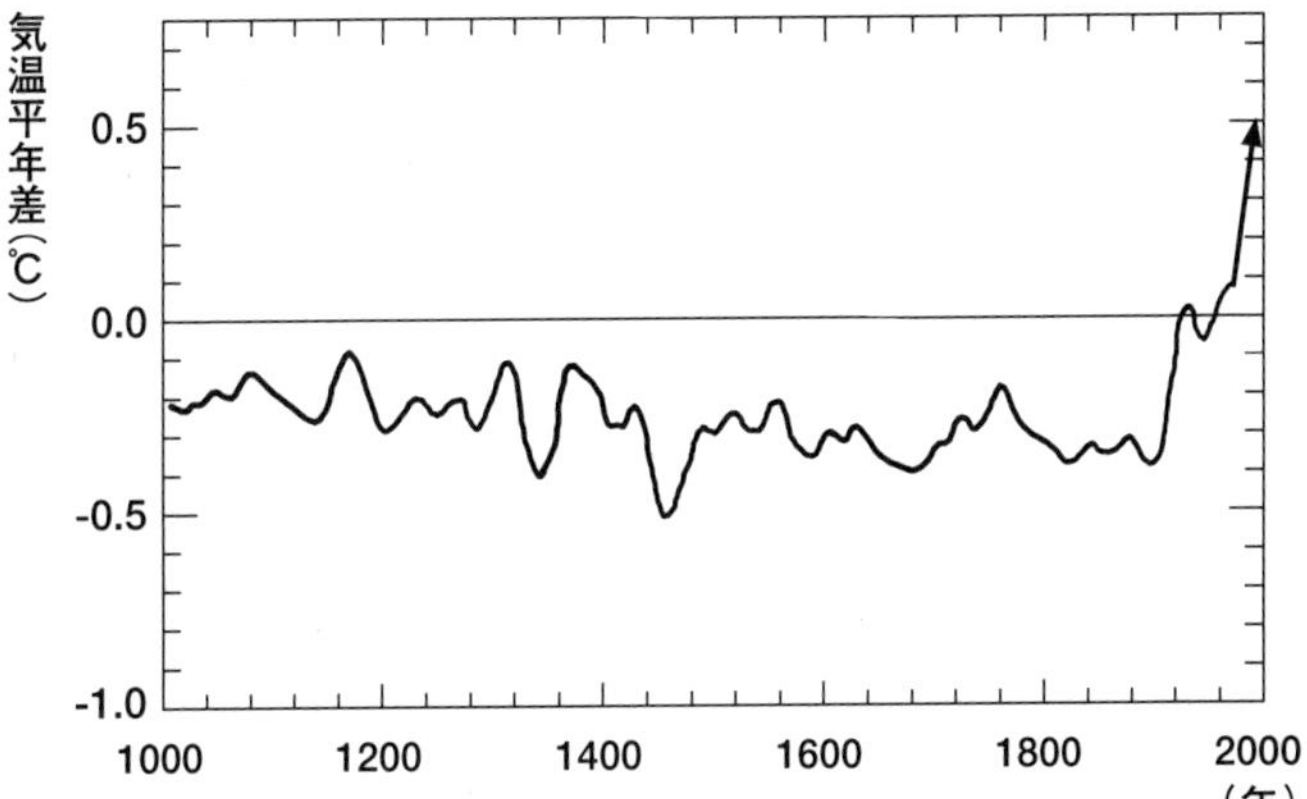

図1-2　北半球における過去1000年間の年平均気温の経年変化（1000～2000年）
図の線は、50年平均を示す
この図の平年値（０℃）は1961～1990年の30年間の平均です。
「20世紀の日本の気候」（気象庁）より改変

れていることと比べても、この一〇〇～二〇〇年は、すさまじいスピードで温度変化が起こっていると考えられるわけです。

日本各地の最近の約一〇〇年間における年平均気温の上昇を示す資料によると、少ないところでも約一℃、もっとも上昇している東京では、約三℃も上昇しています。

日本には四季があり、春と秋をはさんで、暑い夏と寒い冬を繰り返し体感しながら、わたしたちは過ごしています。そのせいもあってか、その温度変化が、長い時間をかけて少しずつ変化する場合にはなかなか気がつきにくいものです。

しかし、世界中、地域を問わず気温が上昇しているのです。しかもこと都市部においては、よりはっきりと気温が上昇しているのがわかります。

日本における温暖化の進行は、身近なところでも見ることができます。気候の変動を見るために、桜の開花、イチョウの黄葉《こうよう》、アブラゼミの初鳴日などを調べる生物季節観測が行なわれています。桜の開花予想、桜前線などは、花見をする人のための情報提供という面もありますが、気候の変動を把握《はあく》するため、という側面もあるのです。

図1—3は、東京の桜の開花日を示しています。もちろん、年によって早い、遅いはありますが、全体として開花時期が早まっているのがわかると思います。

また、イチョウでも同じことがわかります。東京のイチョウの葉が落葉した時期を示したの

図1-3　東京の桜の開花

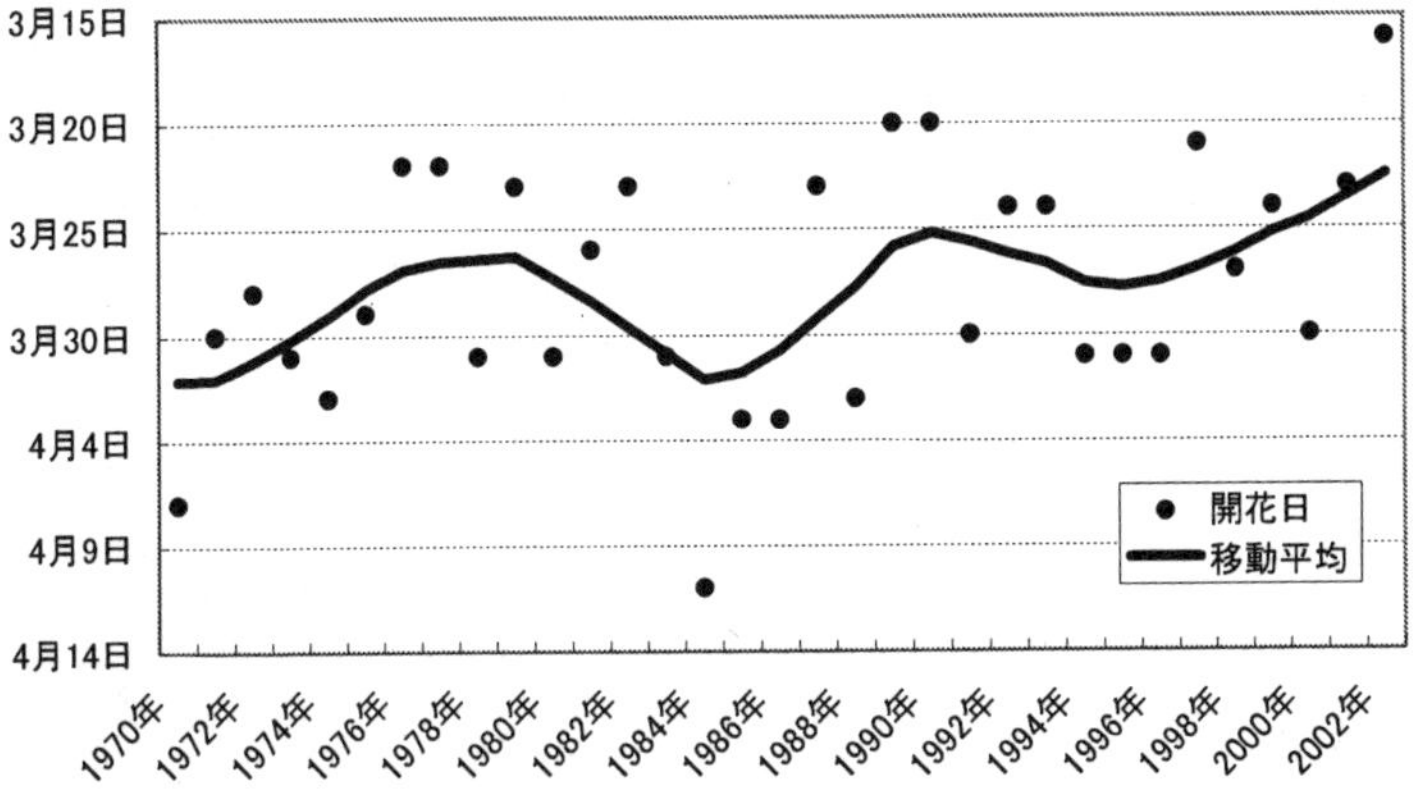

気象予報士会埼玉支部作成（データ：気象庁）

図1-4　東京のイチョウの落葉

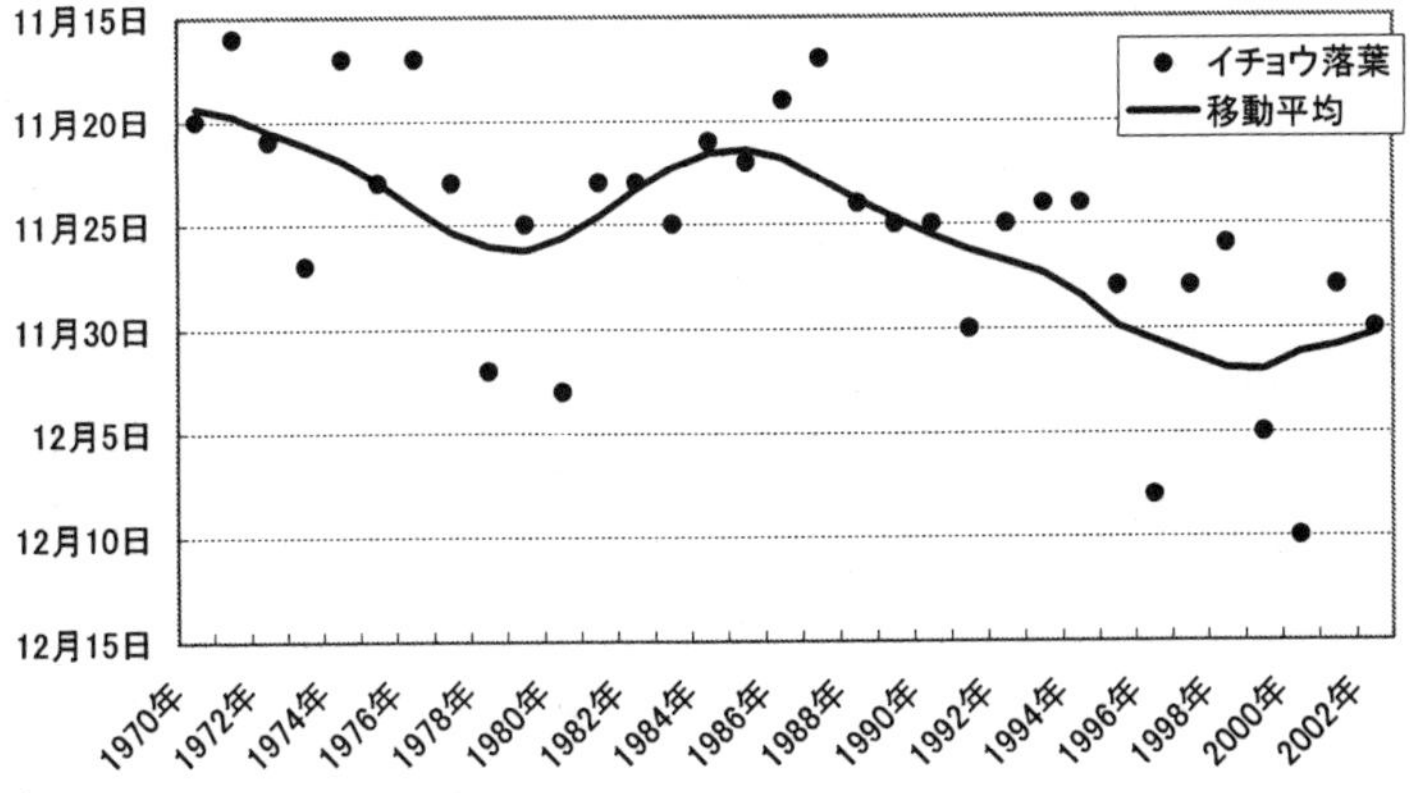

気象予報士会埼玉支部作成（データ：気象庁）

が図1―4です。グラフからは、イチョウの落葉の時期が、徐々に遅れているのがわかると思います。もちろん、温度変化だけの影響とはいいきれませんが、わたしたちの身近なところでも、確実に温暖化とその影響は進行しているのです。

そして、このような気温の変化をもたらしたものは、産業革命以降の「人類の活動」による「二酸化炭素の濃度の上昇」だと考えられています。

かつて、世界の人口が少なく、使っているエネルギーもさほど多くないときは、人間の活動の影響は、地球が処理をしてくれていました。多少二酸化炭素を出そうが、ゴミを出そうが、地球全体の問題となるほどではありませんでした。

しかし、十八世紀後半からの産業革命以降、人類の活動範囲は急激に広がり、使用するエネルギー量は爆発的に増加しました。もはや地球が処理できる量を超えてきたのです。そして、そこまで地球に無理を強いるようになった最大の原因は、わたしたちの「大量消費」のライフスタイルであり、それは現代の言葉でたとえれば、一種の「生活習慣」なのです。

ではその温暖化で、実際にどのような影響が出ているのでしょうか?　具体的な影響については、もう少し後で述べていきたいと思いますが、ここで頭の片隅に置いておいていただきたいことがあります。それは、温暖化の影響がでてくるのは、ずっと先の将来ではなく、温暖化していく過程、つまり今現在においてであるということです。

コラム1　平年とは何か?

わたしたちはよく「平年より暑いね」「平年並みだね」「平年より寒いよ」というような言い方をしますし、実際に自分の体で体感して、そのような比較をしています。そういうわけで、気象予報などでは「平年より一℃高い」とか「平年より二℃低い」とかいうような言い方をするわけです。

では、「平年」とは何でしょうか。平年とは、現在の状況を過去と比較して理解するために、過去三〇年間の平均をとったものをいいます。ただし、これの更新は一〇年ごとです。

たとえば、二〇〇〇年までは、平年の値として、一九六一年～一九九〇年の平均の値を使っていました。現在は、二〇〇三年ですから、それが一〇年ずれて、一九七一年から二〇〇〇年までの三〇年間の平均の値が「平年値」とされています。

つまり「平年」という値は決まった値ではないのです。現在のように温暖化が進んでいくと、平年の値も、徐々に上昇してくるのです。このようなことから、平年との比較だけでなく、長い間の変化をみて検討することも必要になってくるのです。

❖ 地球はどんな星?

引き続き、親子の会話を見てみましょう。

大地――「お父さん、ぼくたちが住んでいる地球は、太陽のまわりをまわっているんだよね」

陽一――「そのおかげで太陽から熱をもらっているんだ」

大地――「地球温暖化のことを考えるなら、どうして地球が温かくなるのかを調べる必要があると思うんだけど、それにはまず、地球のことをちゃんと調べないと、いけないよね」

陽一――「なんとなく、わかっているつもりでいる部分もあるんだろうけど、やはりちゃんと整理してみないとダメだろうね」

地球は、太陽のまわりをまわっています。あまりいい例ではないですが、丸い小石にヒモをつけて、ぐるぐるまわしているような状態です。ヒモの役目をしているのが太陽の引力です。

太陽のまわりをまわっているのは、もちろん地球だけではありません。地球の仲間の星も一緒に太陽のまわりをまわっています。水星、金星、火星、木星、土星、天王星、海王星、冥王《めいおう》星の面々です。これらの星を「太陽系の惑星」と呼びますね。

地球が、太陽のまわりを一まわりするのに費やす期間が一年です。太陽のまわりをまわることを公転といいます。さらに、地球は一日一回、回転しています。こちらは自転といいます。これによって、昼と夜が訪れます。自転は、北極と南極を結んだ軸、自転軸を中心としてまわっています。

この自転軸は、公転している面に対して二三・五度傾いています。つまり地球は、太陽に向かって、二三・五度傾きながら太陽のまわりをまわっています。(図1—5)

太陽のまわりをまわって、北極が太陽側を向いたときには、北半球は、より多くの太陽の光を受けます。このときが、北半球の夏、南半球の冬になります。夏には、太陽の高さが高く、昼間、影が短くなります。これは、日本を含めた北半球が太陽側を向いているからなのです。

逆に南極が太陽側を向いて、南半球に太陽の光がたくさん降り注ぐときに、南半球に夏、北半球に冬が訪れます。冬は、太陽の高さが低く、同じお昼の時間でも、夏に比べて影が長くなります。

地球の、太陽に対する傾きの違いで、季節が訪れるのです。

地球は、太陽から、大変大きな影響を受けています。

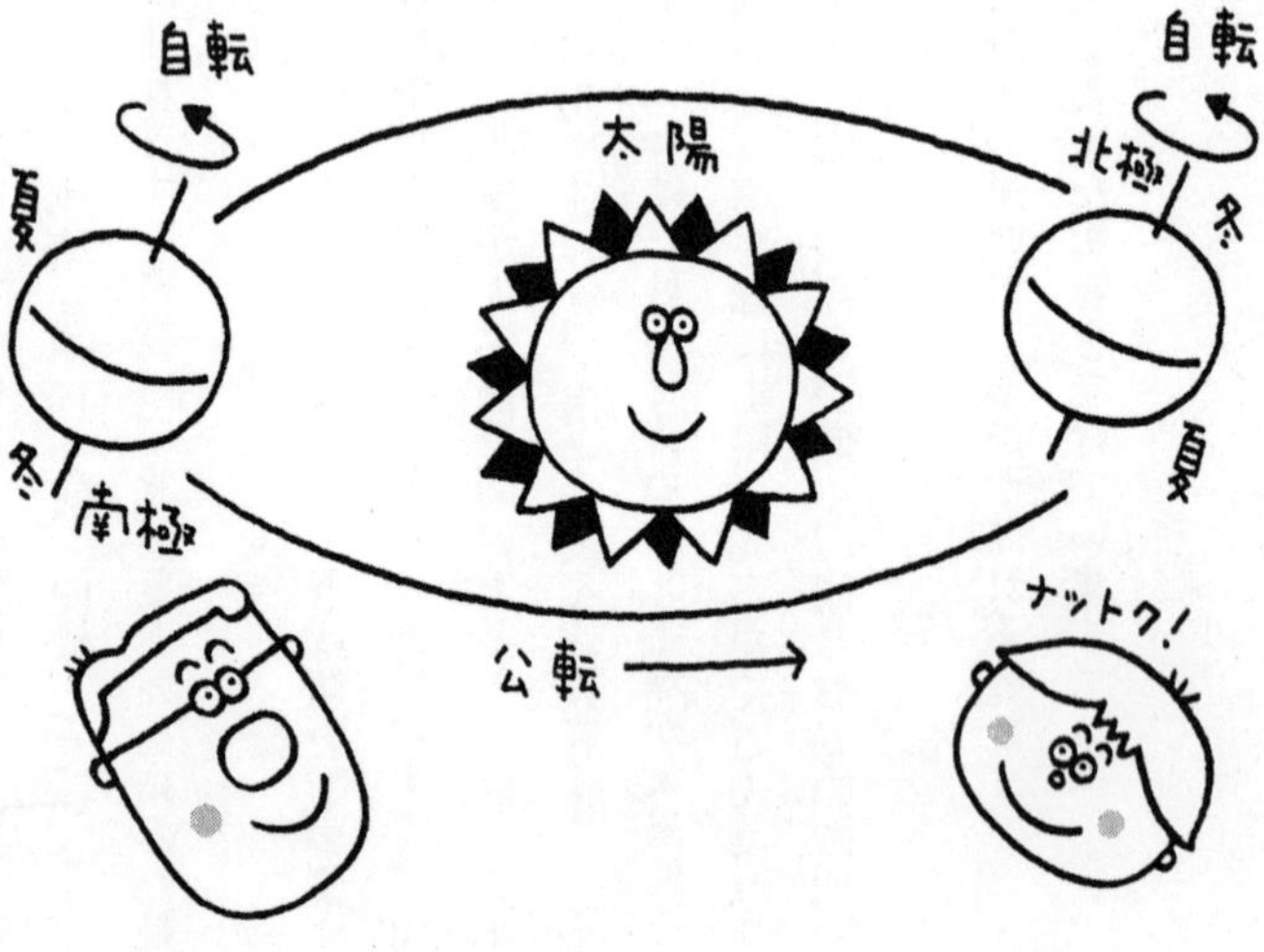

図1-5　地球の自転と公転

❖ 地球の大きさ

次に、地球と太陽の大きさと距離を見てみましょう。

地球は、一周がちょうど四万キロメートルです。というのも、もともと（北極と南極を通った）地球一周の四〇〇〇万分の一を一メートルと決めたので、当然ではあるのですが。ちなみに、現在では、もう少し正確な定義に変わっていますが、一メートルの長さ自体は不変です。

一方、太陽は、地球の約一〇〇倍の大きさです。そして地球から一億五〇〇〇万キロメートルも離れています。一億五〇〇〇万キロメートルといってもピンときませんね。これは新幹線の「のぞみ」が時速三〇〇キロメートルで走っても、太陽に到着するのには、六〇年近くかかってしまうほどの距離にあるということです。

太陽はあまりに大きく、またあまりに遠くにあるので、小さいサイズにして考えてみましょう。たとえば、地球の大きさをピンポン球ほどの大きさ（約四センチメートル）だと仮定してみます。すると太陽は、約四〇〇メートル先にある、直径四メートルのガスタンクぐらいの大きさに相当すると想像してみてください。

「学校まで歩いて一〇分ぐらい」のところに住んでいる学生さんだったら、学校の校庭に直径四メートルの太陽があって、自分の家にピンポン球ぐらいの地球があると想像してみましょう。学校にある四メートルの太陽は家から見えても、学校から家にあるピンポン球は見えそうにありませんね。

ところで、光の速さは「秒速三〇万キロメートル」ですが、これはちょうど一秒間で地球を七回転半まわるほどの速度です。これはこの世に存在するもっとも速いスピードなのですが、それでも太陽から出ていった光が地球に届くのには、約八分もかかるのです。先ほどの例で考えてみると、四〇〇メートル先にある太陽（学校にあるガスタンク）から、人が歩くぐらいの速さで、つまり一〇分弱で地球（家にあるピンポン球）に光がやってくることになります。

わかりやすい〝たとえ〟でしょう?

❖ 太陽系の星たちの大きさ

この〝たとえ〟で他の惑星も見てみましょう。

太陽にもっとも近い水星は、一五〇メートルあたりのところでまわっています。金星は三〇〇メートルあたり。火星は六〇〇メートルあたり。そして木星は二キロメートルあたり。土星は四キロメートルあたりです。

ここらへんまでくると、ずいぶんと遠い感じがしますね。でも、太陽系でもっとも外側にある冥王星になると、なんと一六キロメートルも離れたところをまわっていることになるのです。

水星は、地球の衛星である月を少し大きくした程度の大きさです。月は地球の約四分の一の大きさですから、地球よりもずっと小さい星だといえます。地球がピンポン球だとすると、ビー玉あたりを連想したらいいのかもしれません。

金星の大きさは地球と同じくらいで、火星は地球の約半分です。ところが、木星は地球の約十一倍の大きさを誇り、土星も約九・五倍の大きさです。先ほどのたとえでいくと、直径四〇センチメートルになりますから、ビーチボールより大きいぐらいでしょうか。天王星や海王星は地球の約四倍です。冥王星になるとほぼ月ぐらいとぐっと小さくなります。

ところで、オリオン座やカシオペア座などの星座を形作っている星は、恒星《こうせい》と呼ばれる星で、太陽のように自分で光り輝いている星のことです。太陽以外の恒星は、どのくらいの距離のところにあるのでしょうか？

たとえば、もっとも近い恒星でも、地球からの距離は、地球から太陽までの距離の数十万倍も離れているのです。こういう距離はあまりに遠いので、何万キロメートルというような単位は使わないで、一秒間に三〇万キロメートルの距離を走行する「光の速度」で目的地へ向かって「何年かかる距離なのか」というような距離の測り方をします。いわゆる「光年」ですね。

太陽系の外にある星には、このスピード（光速）で進んで、数年かかる星もあれば、一〇〇億年かかる距離のところにある星もあります。気が遠くなるほどの距離です。地球をピンポン球ほどの大きさだと仮定しても、一〇万キロメートルから数十億キロメートルもの遠方になります。こんなに遠いと、縮小しても「すごく遠い」という感想しか出てきませんね。

星座を形作る星は、このようにとてつもなく遠いところにあるので、地球が太陽のまわりをまわって（動いて）いるのにもかかわらず、ほぼ同じような場所にあるように見えるのです。つまりこれらの星は、季節ごとに入れ替わりながら、毎日、二十四時間かけて地球を一周しています（正確には、一周しているように見えます）。

これに対して、水星、金星、地球、火星、木星、土星、天王星、海王星、冥王星などの惑星は、みな地球と同様に、太陽のまわりをまわっている星です。ですからこれらの星は、星自体がそれぞれの周期で公転しているので、地球から見ると、非常に複雑な動きをしているように見えます。まるで人を惑わすように動くことから、「惑星」と呼ばれるようになったのです。これら惑星は、星座を作っている星と異なり、自分自身では光りません。太陽のような恒星が発する光を反射して光っているのです。

また、惑星のもつ熱も、太陽から熱をもらうことで、その温度を保っています。中には、木星のように自分でもエネルギーを放出している星もありますが、基本的には、惑星の熱のもとになっているのは、太陽から送り届けられる熱なのです。

このように、太陽系の惑星は、熱の面でも、公転という面でも、太陽から大きな影響を受けて成り立っているのです。

❖太陽ってすごいんだね

大地――「太陽ってすごい働きものなんだね」
陽一――「お父さんと同じように……だろう?」
大地――「その件は、あとでお母さんと相談してみるよ。それはともかく、もう少し太陽のことを知りたいな」
陽一――「おっと、その言い方は少し冷たいんじゃないか?」
大地――「言い方は冷たいほうがいいんじゃないの。少しでも温暖化がおさまるかもしれないし。早く次に進もうよ」
陽一――「わかった、わかった。もう少し調べてみよう」

太陽という星は、大きなエネルギーの塊《かたまり》です。塊ですが、じつは気体でできた星なのです。その約七五パーセントが水素で、約二五パーセントがヘリウムからできているのです。大きさは地球の約一〇〇倍です。

太陽の中央部では、巨大なエネルギーが作り出され、それが表面に運ばれてきます。わたしたちが太陽として見ているところは「光球」と呼ばれ、その平均的な表面温度は、じつに約六〇〇〇℃もあります。

また、光球のまわりには「彩層《さいそう》」と呼ばれるところがあります。よく太陽の絵に描いてある、まわりのあのギザギザのところです。彩層の外側はコロナと呼ばれ、一〇万℃にも達しています。

さてその太陽ですが、わたしたちの地球には、目に見える光、いわゆる「可視光線」として、エネルギーを送り届けてくれています。しかもその量は多大です。夏、日向《ひなた》にでたときに体感する暑さは尋常ではありませんね。一方、冬の日向ぼっこで体感する暖かさは、あの厳寒の中にあっても、陽に当たればかなり温かいのだということを再認識させてくれます。このことからも、とても大きなエネルギーが、太陽から地球に降り注いでいることが想像できると思います。

もし、太陽が突然、消えてしまうようなことがあると、地球はたちまち闇につつまれてしまい、温度はマイナス二〇〇℃以下まで低下してしまうでしょう。そして地球の公転を支えている太陽の引力もなくなってしまうので、地球は、どこか宇宙の彼方へ、根無し草のように漂《ただよ》い去ってしまうでしょう。地球は、あらゆる意味で、太陽なしには存在できない星なのです。

ところで、太陽からのエネルギーは、右に述べたように、おもに目に見える光である可視光線として届きます。これは、わたしたちにとって大変、都合のよいことのように思えますね。なぜなら、目に見える光が降り注いでくれるおかげで、まわりのものがよく見えるからです。

でも、これはおそらく順番が逆だと思います。地球に降り注ぐ光に対応して、目が見えるという形で地球上の生物が進化したのではないでしょうか。

コラム2　摂氏温度と絶対温度

ここでは、わかりやすくするために、温度を摂氏温度、「℃」で書いています。摂氏温度とは、水が凍る温度を〇℃、水が沸騰する温度を一〇〇℃としたものです。わたしたちの身近なものの温度を表現するのに便利なので、よく使われています。

ところで、熱とはなんでしょう。熱とは、物質を作っている分子の振動のことなのです。高温のものはたくさん振動し、低温のものは振動が少なくなっています。この振動は摂氏マイナス二七三・一五℃で完全に止まります。つまり、これより低温は存在しないことになります。

この温度をゼロとして表示するものが絶対温度で、単位はK（ケルビン）です。水が凍るのは二七三K、水の沸騰は三七三K、となります。物理学や、惑星の温度の話をするときは、通常、絶対温度を使います。

❖地球の温暖化はなぜ？

大地――「地球温暖化を考えるなら、どうして地球が温暖化するのかがわからないといけないよね」

陽一――「それにはまず、今の地球の温度が、どうやって決まっているのかを調べないといけないよ」

大地――「地球を暖めているのって、やっぱり太陽だよね。なんだかんだ言っても、やっぱり寒い時にお日様が照っているとホッとするもんね」

陽一――「冬なんか、日向と日陰じゃ、寒さが段違いだものなぁ」

大地――「もっとも、夏の暑いときは勘弁してほしいけど」

陽一――「夏、日向に置きっぱなしにしといた車は、もうさわれないほど熱くなってるもんなぁ。ずいぶんたくさん熱をもらっているんだろうなぁ」

大地――「だから、それだけの熱を、世界中どこでももらっているんだよね。なんか地球が熱くなるのがわかるような気がしてきたよ」

陽一――「いいところに気がついたな。でも『気がする』だけじゃなくて、やはりここはちゃんと調べないとね。それに、太陽からたくさん熱をもらっていったって、それは昔からそうだろう？　ここにきて今、騒がれている温暖化というのは、別に原因があると思うよ」

大地――「別に太陽に近づいているってわけでもなさそうだし……」

陽一――「急に太陽が今まで以上に熱くなってきたなんて話も聞かないよなぁ」

大地――「テレビとかでいってる……あれ、なんだっけ」

陽一――「二酸化炭素がふえるから地球が温暖化するっていってたよな」

大地――「二酸化炭素でどうして温暖化するの？」

陽一――「だから、それを調べてみようよ」

❖ 太陽に近いほど多くの熱がくる

では、太陽からやってくるエネルギーの量について考えてみましょう。当然ですが、太陽がどれぐらいまわりにエネルギーを放出しているかを知ることがまず必要です。

まず認識しておくべきことは、太陽の活動にはじつは変動性があって、かならずしもその活動が安定しているわけではないということですが、それでも地球が受ける「エネルギーの総量」については、それほど変動はないと考えてよいでしょう。

次に、太陽がいくらエネルギーを放出しても、遠い星には、たくさんのエネルギーは届かないということです。ストーブが燃えているとき、どこに座っていると暖かいかということを考えれば、わかりやすいと思います。もちろん、ストーブのそばです。

ストーブのタイプにもよりますが、最近の温風が出るタイプではなくて、昔の石油ストーブなどはおもに「放射」によって熱を伝えます。だから寒いときには、ストーブでも焚《た》き火でも、燃えている部分に向けて冷たい手をかざします。つまり、近づけるわけです。そうすると、より暖かくなります。あたりまえのことのようですが、じつは太陽の場合も同じです。太陽からは、光としてエネルギーがやってくるわけで、太陽により近いほうがより多くの熱をもらうことができるわけです。

ここでまた、イメージしやすいたとえ話をします。太陽からの熱が「水道管」のようなパイプで、地球まで運ばれると想像してみましょう。そして太陽と地球の距離は、熱の「水道管の太さ」に相当するとします。太陽に近ければ近いほど、そのパイプが太いわけで、より熱をたくさんもらいます。ストーブに近づいたときのように、熱がどんどんやってきます。

まぁこれは自然に想像できると思います。

❖ 太陽からの熱が反射される

ただし、熱の量はかならずしも距離だけで決まるのではありません。たとえば、せっかくストーブのそばで温まっていても、だれかが前に割り込んでくるとどうでしょう？　そう、暖かさも半減してしまいますね。

これと同じで、もし自分の前に、熱を吸収したり、反射したりするものがあれば、受け取る熱も少なくなってしまうのです。服でも同じです。熱を反射する白い服よりは、熱を吸収する黒い服を着ているほうが暖かくなります。

地球も白い服と同じで、降り注ぐエネルギーをすべて吸収しているわけではありません。地球を宇宙から見ると、美しく青く輝いていますね。これは、地球が太陽の光の一部を反射していることを示しています。入って来たエネルギーのうち反射して出ていってしまう割合を「反射率」といいます。

雲は、宇宙から見ると白く輝いて見えます。雲がふえると、地球の反射率は上がります。高い山々や北極、あるいは南極など、雪や氷に囲まれているところも、白く輝いています。やはり同様に反射率が高くなります。

こういう理由で、せっかくやってきた熱エネルギーも、反射された分は、地球に入ってこないことになります。これを先ほどのパイプの例でたとえてみるなら、熱を運ぶパイプのお尻には「蛇口」がついていることになります。つまり反射率は蛇口にたとえられるわけです。

惑星の温度は、太陽からの距離と、惑星の反射率、この二つを考えなければいけないことがわかってきました。以上のことを考えると、地球にやってくる太陽からのエネルギーは、①太陽が出しているエネルギー、②太陽と地球の距離、③地球の反射率、の三つで計算できることがわかりました。

❖もらうエネルギーと放出するエネルギーの量は同じ

いよいよ、地球の温度の計算に入りますが、その前に、非常に重要な前提が一つあります。それは、惑星がもらった熱（エネルギー）と惑星から出て行く熱（エネルギー）の量が同じだということです。

ちょっと不思議な気がしますね。地球は、大量のエネルギーを太陽からもらっているというのはわけなく想像できますが、それと同じだけのエネルギーを放出しているといわれても、どうもピンときません。

しかし、もし地球が「熱をもらう一方」だったらどうなるでしょうか。どんどん地球に熱がたまっていき、どんどん熱くなるはずです。ところが、実際には、地球の温度はほとんど一定になっていますね。これは、もらっている熱の量と、放出している熱の量のバランスがとれている、ということを示しています。

じつはこのバランスの崩れが、いわゆる「地球温暖化」なのですが、そのことについては、これから徐々に述べます。コップでもバケツでも、水をどんどん注いで行けば、器がいっぱいになるまではもちろん水がたまりますが、やがて、満杯になると注がれる水と同じ量の水があふれてきますね。これと同じです。

では、もらったエネルギーと同じだけの熱を、地球はどうやって放出しているのでしょうか。じつは地球は、この熱を「赤外線」として放出しているのです。

物質というのはみんな、じつは「絶対零度」（マイナス二七三℃）でない限り、その物質の温度に応じたエネルギーを放出しているのです。

物質は、通常の温度においては、その温度に応じて赤外線を放射しているのです。ところが、摂氏一〇〇〇℃を超えるようになると、放射している光が、目に見えるようになってきます。

鉄でも燃えている木でも、高温に熱せられると光りだしますね。それ以下の温度では赤外線としてエネルギーを放出しているので目には見えませんが、温度が高くなれば高くなるほど、放出するエネルギー量が多くなって、それが目に見えるようになってくるのです。

太陽は、五〇〇〇℃以上あるので、目に見える光を発します。一方、地球もわたしたちのからだも、常温の物質であり、赤外線を放射しているのです。

コラム3　赤外線と紫外線

「光は七色」だといわれますね。本当は七色ではないのですが、たとえば自然光をプリズムなどに当てると分光（光のもつ色彩が分かれて見えること）しますね。もちろん明確に色分けできるわけでなく、連続した色の変化が帯として表れますが。

一般的には、虹がその代表的な例で、赤からオレンジ、黄、緑、青、藍《あい》、紫のように七色ほどに分かれて見えますね。人の目には、この「赤から紫までの色」を見ることができます。この赤から紫までを、見ることのできる光という意味で「可視光線」といいます。

しかし実際には、いちばん端っこの「赤」と「紫」の外側に、それぞれ目に見えない光があるのです。赤よりも外側（長い波長）にあって、見ることのできない光のことを「赤外線」と呼び、紫よりも外側（短い波長）にある光を「紫外線」と呼びます。

よく知られているように、赤外線は「熱を運ぶ温かい光」です。ちなみに、その赤外線のなかでも、より外側（長波長）の光を「遠赤外線」といって、いろいろなところで役に立っている光です。

「赤外線カメラ」というのがあります。まっ暗闇の中でも、人の姿が映るカメラです。なぜ暗闇でも映るのかというと、人間のからだもその温度に応じて赤外線を放射しているからです。その赤外線に反応することで映るカメラなので、赤外線カメラというわけです。

もう一つ。テレビでおなじみの、雲の様子を映す気象衛星「ひまわり」も同じ原理です。最近アメリカの衛星「パシフィックゴーズ」にその役目を引き継ぎましたが、これらの気象衛星が雲の様子を夜でも観察できるというので、不思議に感じる方もいらっしゃると思います。じつは気象衛星は、雲が放射している赤外線を映しているのです。もちろん日中は、目に見える光（可視光線）でも観察しているのですが。

このように赤外線は、人の目には見えませんが、身近な光なのです。

これに対し、紫外線は、日焼けを起こすことで有名ですが、反応性が高く、刺激の強い光です。じつは地球には、非常に有害な紫外線が降り注いでいます。

しかし特に有害な紫外線は、上空の「オゾン層」が吸収してくれています。オゾン層というのは、地上から一〇～五〇キロメートル上空の成層圏に存在している「オゾン濃度」の高いところです。

オゾンというのは、酸素原子が三個結合したもののことをいいます。ふつう酸素分子というのは、酸素原子が二個結合したものですが、長い年月をかけて上空に酸素が蓄積されたところ（成層圏）に、紫外線が降り注いできて衝突すると、酸素分子は二個の酸素原子に分解され、そのうちの一個の酸素原子が他の酸素分子と反応して、酸素原子を三個もつオゾン分子ができるのです。

地球上に生命が誕生したのが約三五億年前だといわれます。原始の生命たちの生活圏は、長いこと海の中でしたが、やがて水中で光合成を行うシアノバクテリアが誕生し、大量の酸素を放出しました。やがて地上に生命が住めるようになり、光合成を行う「植物」も誕生しました。こうして長い年月をかけて、大気中に酸素が蓄積されていきました。そして約六億年前頃にオゾン層が形成されたといわれています。

オゾン層ができてきたために、有害な紫外線を避けるべく海で生活せざるを得なかった動物たちが、ようやく陸に上がれるようになったのです。オゾン層のおかげです。

このようにオゾン層は、有害な紫外線を吸収してくれる働きがありますから、もしこのオゾン層が破壊されるようなことがあると、有害な紫外線が地上まで降り注いでしまうことになるのです。すると、人体に有害な影響を及ぼすようになります。その一例としては、皮膚ガンを誘発することが知られています。

❖ 地球の温度はマイナス一八℃

以上で、地球の温度を計算する前提がそろいました。復習すると、太陽が放出しているエネルギーと、太陽と地球の距離、そして地球の反射率のもとで地球が受け取っている太陽エネルギーの量を計算します。

次に、受け取っているのと同じだけのエネルギーを、地球がまわりに放出するために必要な温度を計算します。この温度が、惑星固有の温度です。しかしこれは地球に大気がないときの温度なのです。

それでは、いよいよ、実際に地球の温度を見てみましょう。

先にお話ししましたが、太陽から一億五〇〇〇万キロメートルも離れていても、地球にはたくさんの太陽の熱が届いています。次に問題となるのは「蛇口の開き加減」です。地球の反射率は、全地球平均で約三〇パーセントです。つまり、七〇パーセントのエネルギーを吸収していることになります。

地球が受け取っているエネルギーは、太陽に垂直な面で考えると、ほぼ一定の値です。これを「太陽定数」といいます。

この二つから計算されたエネルギーを、地球が放出するために、必要な温度を計算します。ステファン・ボルツマンの公式があります。$I^* = \sigma T^4$ という公式です。放出しているエネルギーをI^*、物体の温度をT（絶対温度、つまり通常の温度マイナス二七三です）とすると、I^*はσ《シグマ》にT^4を掛けた値となります。つまり、その星の温度Tを四乗して、決められた定数σ＝〇・〇〇〇〇〇〇〇六を掛ければいいことになります。〇・〇〇〇〇〇〇〇六×T×T×T×Tです。意外に簡単ですね。温度を四回も掛けているので、温度が上昇すると放出エネルギーは急上昇します。絶対温度で一〇〇K（マイナス一七三℃）の物質が放出しているエネルギーを一とすると、二〇〇K（マイナス七三℃）の物質が出しているエネルギーはその一六倍、三〇〇K（二七℃）では八一倍、一〇〇〇K（七二七℃）では一万倍になります。太陽の温度六〇〇〇Kでは約一三〇〇万倍になります。

むずかしい話はさておき、要するに、温度Tが決まれば、その物質が放出しているエネルギー量I*は、計算できる、温度が上昇すると放出エネルギーは急激に増加する、ということです。

ここはやや難解な部分なので、先ほど述べましたように、地球が受け取っているエネルギー量から、地球の温度は計算できる、ということだけでも感じ取っていただければじゅうぶんです。

結果だけいうと、地球が熱を放出するために必要な温度はマイナス一八℃になります。

太陽がなければ、地球はマイナス二〇〇℃以下の氷の世界のはずです。太陽があることで、地球に熱が届き、地球の温度が上がりはじめるのです。

地球の温度が上がると、温度に応じて地球も赤外線としてエネルギーを放出します。それでも、太陽からもらうエネルギーのほうが多いので、どんどん温度が上がります。やがて「もらうエネルギー」と「放出するエネルギー」が同じになります。

その温度が（計算上）マイナス一八℃なのです。

もし、これよりも、地球の温度が上がりすぎれば、今度は、地球がもらうエネルギーよりも多くのエネルギーを放出するので、地球の温度が下がり、やがてマイナス一八℃に戻ります。これが、地球に大気のない場合の「惑星固有の温度」です。

同様にして、金星、火星など、他の惑星についても、惑星固有の温度を計算することができます。

❖ 固有温度は変化する

引き続き、親子の会話を聞いてみましょう。

大地――「マイナス一八℃じゃあ、とても寒くて住めないね」

陽一――「この間、大地がふるえていたスキー場でさえマイナス五℃だったもんなぁ」

大地――「お父さんなんか、山ほど使い捨てカイロしょってたくせに」

陽一――「え？　ま、それはともかく、マイナス一八℃じゃあ寒いよな」

大地――「カイロがもっとたくさんいるってことだね」

陽一――「全体の平均でマイナス一八℃だったら、もっと寒いところも多いはずだからね」

大地――「氷河期っていう言葉を聞いたことがあるけど、逆にいえば、氷河期でもマイナス一八℃よりは下がらないってことかな？」

先に述べましたように、惑星固有の温度は、太陽からの距離と惑星の反射率で計算できることがわかりました。この惑星固有の温度は、何が起きても変わらないのでしょうか。そういうことはありません。

大地クンが言及した「氷河期」というものを考えてみましょう。氷河期とは、火山の噴火《ふんか》などで太陽の光が遮《さえぎ》られたりすると起こる現象です。これを宇宙から見ると、火山灰の影響で「地球の反射率が上がった」ということになります。せっかくストーブの前にいるのに、だれかに、自分の前に割り込まれたようなものですね。

さらに、氷河期になると、地球上に氷や雪がふえます。すると、雪や氷に太陽の光があたります。このため、雪や氷はきらきらときれいに光ります。つまり、氷や雪は、太陽の光を非常によく反射するのです。空をふさいでいる火山灰の間をやっとの思いで通り抜けて地上にやってきたエネルギーを、今度は雪や氷が反射してしまうことになるのです。

地球上の雪と氷がふえれば、地球の反射率は上がり、反射率が上がれば、もらう熱エネルギーが減少してきます。もらったエネルギーと、放出するエネルギーとのバランスがとれるまで、地球の温度はどんどん下がります。現在、マイナス一八℃と計算された地球の温度ですが、もっと低い状態でやっと「入るエネルギー」と「出るエネルギー」のバランスがとれることになるでしょう。

つまり、「何らかの原因で温度が低下↓氷や雪の増加↓地球の反射率の上昇↓さらに温度低下」といった具合に、どんどん温度低下のサイクルが続いてしまいます。地球の温度は変化をはじめると、坂を転がるようにどんどん進む可能性があります。これは、温暖化でもいえることです。

❖温室効果の謎

大地――「でも、お父さん。やっぱりどうもピンとこないよね。平均マイナス一八℃が地球の温度といっても、実際はもっと暖かいんだもの」
陽一――「たしかに、そんなに寒いんじゃあ、いろんな生き物が、生きていけないよな」
大地――「だってこの辺だって、夏は三〇℃から四〇℃近くなるじゃん。冬もそんなに氷点下なんてならないんだから、平均すると二〇℃ぐらいじゃないかなあ」
陽一――「たしかに。季節の違いはあっても、気温として見た場合、日本は快適なところだと思うよ」
大地――「でしょ。じゃあどうして、計算の結果に比べて暖かいんだろう?」

マイナス一八℃と計算される地球の温度は、じつは先に述べたように、大気が存在しない場合の温度のことです。実際の温度は、地球でも金星でも、計算温度より高くなっています。それは、惑星を包んでいる大気があるからです。大気はちょうど毛布をかけたように、惑星を包んで暖めてくれているのです。このような現象を、温室になぞらえて、通常は「温室効果」と呼びます。

じつはこの「温室効果の変動」こそが地球温暖化の原因なのです。

温室効果を生み出すものが地球の大気だと述べましたが、その代表的なものが「温室効果ガス」としての「二酸化炭素」です。二酸化炭素は、ご存じのように、炭素が燃焼したときに出てくる気体です。焚き火やストーブを燃やしたときにもでてきますね。

この二酸化炭素ですが、ふえすぎると中毒を起こしてしまうので、ストーブを使っているときには、ときどき空気を入れ替える必要があります。

また、わたしたち自身も、酸素を吸って二酸化炭素を吐き出しています。わたしたちの体の中には、火も煙も見えませんが、体のなかでちゃんと食物を燃やしているのです。

なぜ、こんなに身近な存在である二酸化炭素が、地球を暖める働きをするのでしょうか。じつは二酸化炭素は、太陽から降り注ぐ光のエネルギーは通してしまいますが、地球が放出している赤外線のほうは、これを吸収してしまう働きがあるのです。ビニールハウスなどの温室のガラスが、太陽の熱は通しても、中の熱を出さない働きがありますね。これに似ています。温室ガラスと同じように、二酸化炭素は透明ですから、光は通すのです。

つまり、太陽からやってくるエネルギーは、二酸化炭素に影響されずに、地上に降り注ぎます。地上は自分が受け取ったエネルギーに等しい分のエネルギーを、赤外線として放出します。ところが、この（目に見えない）赤外線エネルギーは、二酸化炭素につかまってしまうわけです。つまり宇宙にまで出て行けない状態になります。

結果的に、地上付近にどんどん熱がたまりだします。地上の温度が、さらに高くなると、地上から放出するエネルギー量も増加してきます。そうするうちに、やがては一部分、二酸化炭素につかまっても、じゅうぶんな量のエネルギーが、宇宙に放出できるようになってきます。

❖地球の表面温度

もし、二酸化炭素などの温室効果ガスがなければ、地球はマイナス一八℃で、もらうエネルギーと放出するエネルギーのバランスが取れることになるのですが、二酸化炭素があるので、地球から放出される赤外線のエネルギーがその二酸化炭素につかまる分、地球の温度はもっと上昇してしまうわけです。ちょうど、地球が二酸化炭素でできたバケツの底にあって、バケツがいっぱいになるまではエネルギーがあふれださない、というような状態なのです。

地球では、温室効果ガス全体の影響で、表面温度は全体の平均で約一五℃になっています。この温度で、ようやくエネルギーの収支バランスが取れていることになります。ということは、地球の大気はプラス約三三℃分のバケツあるいは毛布ということになります。

さて、先に「地球の放出しているエネルギーが、二酸化炭素につかまる」とだけ述べましたが、これについてもう少し詳しく見てみましょう。まず、地球が太陽からおもに可視光線としてもらうエネルギーを一〇〇としましょう。一方、地球の温度はほぼ一定の温度を保っています。つまり、エネルギーを一〇〇もらっている地球は、赤外線として一〇〇に相当するだけのエネルギーを放出しているということがわかります。(図1―6の上段)

一〇〇同士で釣り合っているとき、地球の温度はマイナス一八℃と計算されました。ところが、二酸化炭素を含む大気には、太陽からの可視光線は素通りさせてしまいますが、地球が放出している赤外線のほうは吸収してしまう働きがありましたね。

もし、地球が放出するエネルギーを、大気がすべて吸収してしまうとどうなるのでしょうか。大気は一〇〇のエネルギーをもらうので、同じ一〇〇だけのエネルギーを放出します。ただし、宇宙に向けてだけ放出するのではなく、宇宙と地上の両方に五〇ずつ放出するのです。

その結果、大気を含めた地球は一〇〇受けているのに、五〇しか宇宙に放出していないことになります。一方、地上にしてみれば、合わせて一五〇のエネルギーを受けているのに、一〇〇しか放出していないことになります。こうしてその差の分だけ、地上に熱がたまることになるのです。（図1―6の中段）

やがて地上の温度が上昇して、地上からのエネルギーの放出が二〇〇まで上昇するようになります。すると大気は地上から二〇〇のエネルギーを受け、地上と宇宙に一〇〇ずつ放出します。この状態では、地上は、太陽と大気から一〇〇ずつ、つまり合計二〇〇もらって、二〇〇のエネルギーを放出します。これによってすべての収支が合うことになります。（図1―6の下段）

地上が放出するエネルギーが二倍になるためには、先ほどの公式で計算すると絶対温度（単位はK＝ケルビン。マイナス二七三℃を0Kとして計算する）で、二〇パーセントほど気温が上昇する必要があります。これは大雑把《おおざっぱ》にいって、現在の地球の状態に近いものです。

［ポイント］

地球の温度がどのようにして決まっているか、もう一度まとめてみましょう。

一、地球にやってくるエネルギー量は、①太陽が放出しているエネルギー量、②太陽からの距離、③地球の反射率の三つで決まる。

二、地球のもらうエネルギーと、地球が放出する赤外線エネルギーの量が、同じになるように

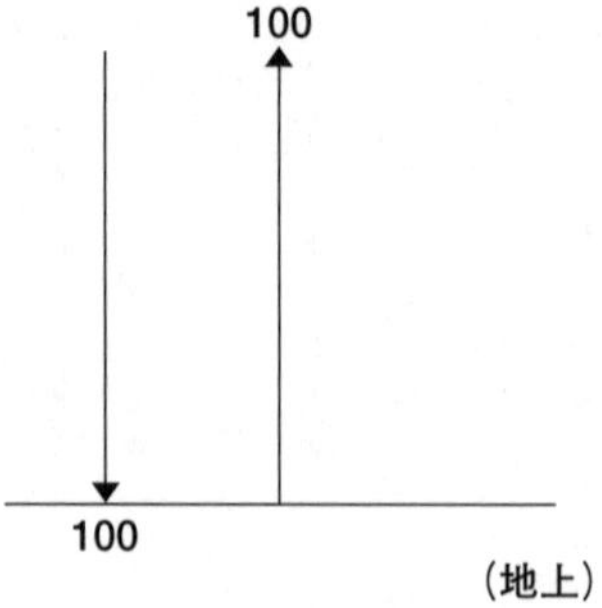

地球に大気がない状態では、地上は太陽から100のエネルギーをもらって、100放出。
このときの地上の温度は-18℃

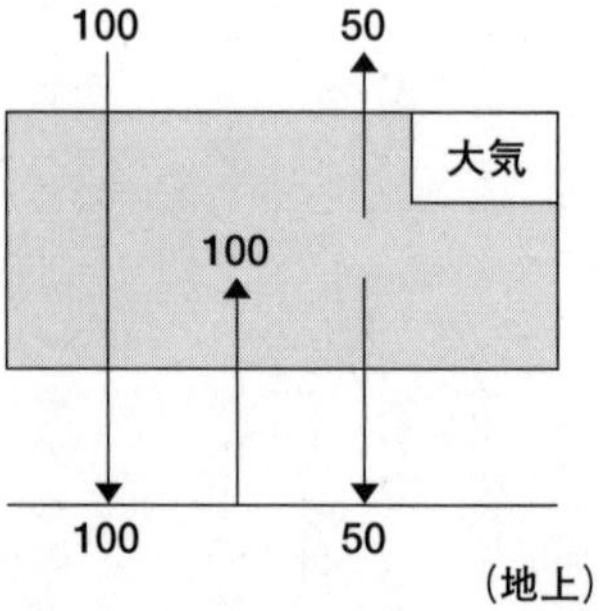

地上は太陽から、100エネルギーをもらい、大気から50のエネルギー、あわせて150のエネルギーをもらっている。
地上の温度が-18℃のとき、放出できるエネルギーは100。差の50に相当する分のエネルギー（熱）が地上にたまる。

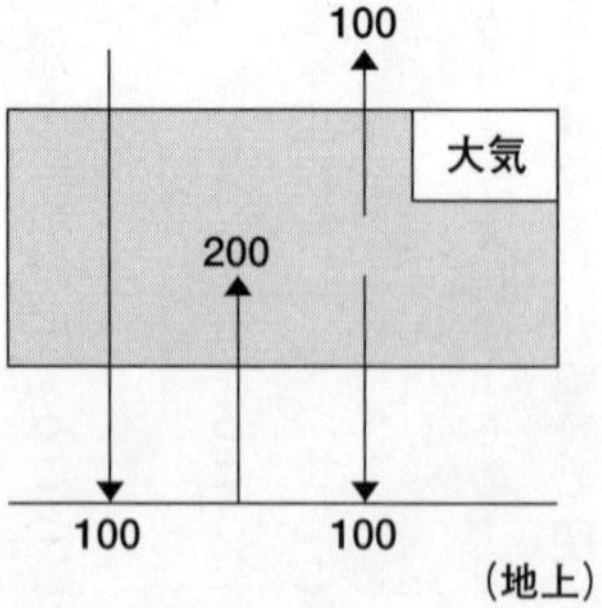

たまった熱によって、地上の温度が上昇し、やがて200放出できるようになる。このとき、地上が受け取っているエネルギーは200、放出しているエネルギーも200で、バランスがとれている。

図1-6　地球の表面温度

釣り合うことで、地球の温度が決まってくる。

三、大気中にある二酸化炭素などの温室効果ガスは、太陽の光は素通りさせ、地球からの赤外線をつかまえる働きがあるので、地上付近に熱がたまる。

四、右の一と二から計算される地球の温度はマイナス一八℃で、これに右の三の影響を含めると、地球の温度は一五℃になる。

大地――「なるほど。本当は寒いところなんだけど、ちょうどいい毛布をかけてもらった、というところかな」

陽一――「地球には、暑いところも寒いところもあるけど、全体的にはちょうどいい温度になっているといえるかもしれないね」

大地――「お父さんは寒がりだから、もう少し厚めの毛布でもいいかもね」

陽一――「いやいや。地球の毛布じゃなくて、自分の布団《ふとん》で間に合わせるさ」

コラム4　熱帯から、北極、南極へ

何度も説明しましたように、惑星は、自分の温度に応じて、赤外線としてエネルギーを放出しています。このことは、緯度や経度など、地球上の位置（場所）に関係なく、どこでも同じです。

一方、太陽からもらう熱は、太陽に向いている面で受けます。このため赤道付近と、北極や南極といった高緯度地方では、受け取るエネルギーは大きく異なってきます。エネルギーのバランスを計算すると、赤道では受け取るエネルギーが多く、北極や南極では、放出するエネルギーが多くなっています。

つまり、赤道はどんどん暑くなり、北極や南極ではどんどん寒くなるはずです。ところが、そうならないのは、赤道付近から北極や南極といった高緯度に向けて、大規模な熱エネルギーの移動が起きているからです。地球上のさまざまな気象現象も、この熱エネルギーの移動にともなって起きているのです。

❖金星の温度

大地――「地球の温度は計算できたけど、他の星の温度も計算できるのかな？」

陽一――「考え方そのものは同じでいいと思うよ」

大地――「太陽に近ければ熱くて、遠ければ寒い、っていうことだよね」

陽一――「それから、星によって反射率が違うかもしれないってことだよね」

大地――「そして、二酸化炭素などの温室効果ガスの影響があるかどうかだよね」

陽一——「他の星の温度がわかるなんて、なんだかわくわくしてくるよな」

地球で計算した方法と同じ方法で、他の惑星も計算できます。まず、地球によく似た星といわれている金星で計算してみましょう。

金星は、地球よりも太陽に近いので、いかにも熱そうですね。実際に、金星に降り注ぐ太陽エネルギーは、同じ面積あたりで地球の約二倍になっています。たしかに、太陽に近い分、金星につながる熱のパイプは太いことになります。

ただし、反射率を忘れてはいけません。金星の反射率は、地球のよりもずいぶん高くなっています。金星では、太陽エネルギーは約二〇パーセントしか吸収されず、じつに八〇パーセントが反射されてしまいます。

金星まで届く「熱のパイプ」は太くとも、その蛇口は二割しか開いていないということになりますね。「宵《よい》の明星《みょうじょう》」「明けの明星」と呼ばれる金星が、とりわけきらきら輝いているのは、この反射率の高さがその理由の一つです。

このパイプの太さ（金星に降り注ぐ熱の量）と蛇口の開き具合（金星の反射率）から計算される金星の温度は、約マイナス五〇℃となります。意外にも金星は、地球よりも太陽に近いのにもかかわらず、受け取っている熱エネルギーの量は少ないわけです。

次に、金星の温室効果ガスについて見てみましょう。金星の大気には、なんと九〇気圧もの二酸化炭素が存在しています。地球の二酸化炭素が〇・〇〇三気圧で温室効果を作りだしていることを考えれば、当然のごとく、強烈な温室効果があることがわかります。この二酸化炭素による温室効果のおかげで、金星の惑星表面温度は約五〇〇℃になっています。

地球に比べれば、二酸化炭素でできた巨大な熱のタンクの底に、金星は存在しているといえるでしょう。（図1—7、1—8）

❖火星は熱い？

大地——「金星の温度が五〇〇℃だっていうのにはびっくりしたなぁ」

陽一——「とても住めた温度じゃないよ」

大地——「二酸化炭素ってすごい威力だね」

陽一——「まさか、地球がそんなことになったりはしないだろうな」

大地——「お父さん、心配になっちゃった？」

陽一——「いや。そうでもないさ。ところで、金星は地球から見て、太陽に近い内側の星だけれども、じゃあ外側にあって地球の隣にある火星はどうなんだろう？」

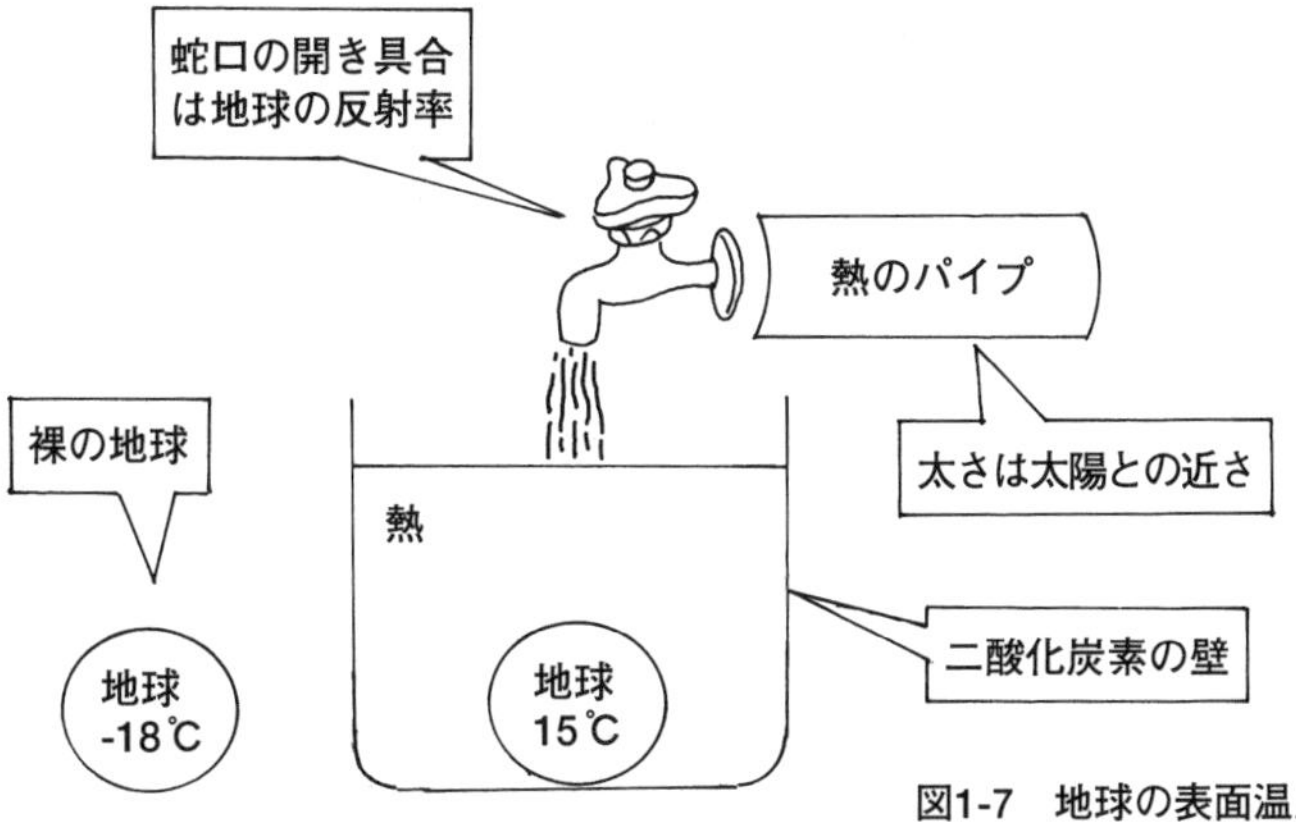

図1-7　地球の表面温度

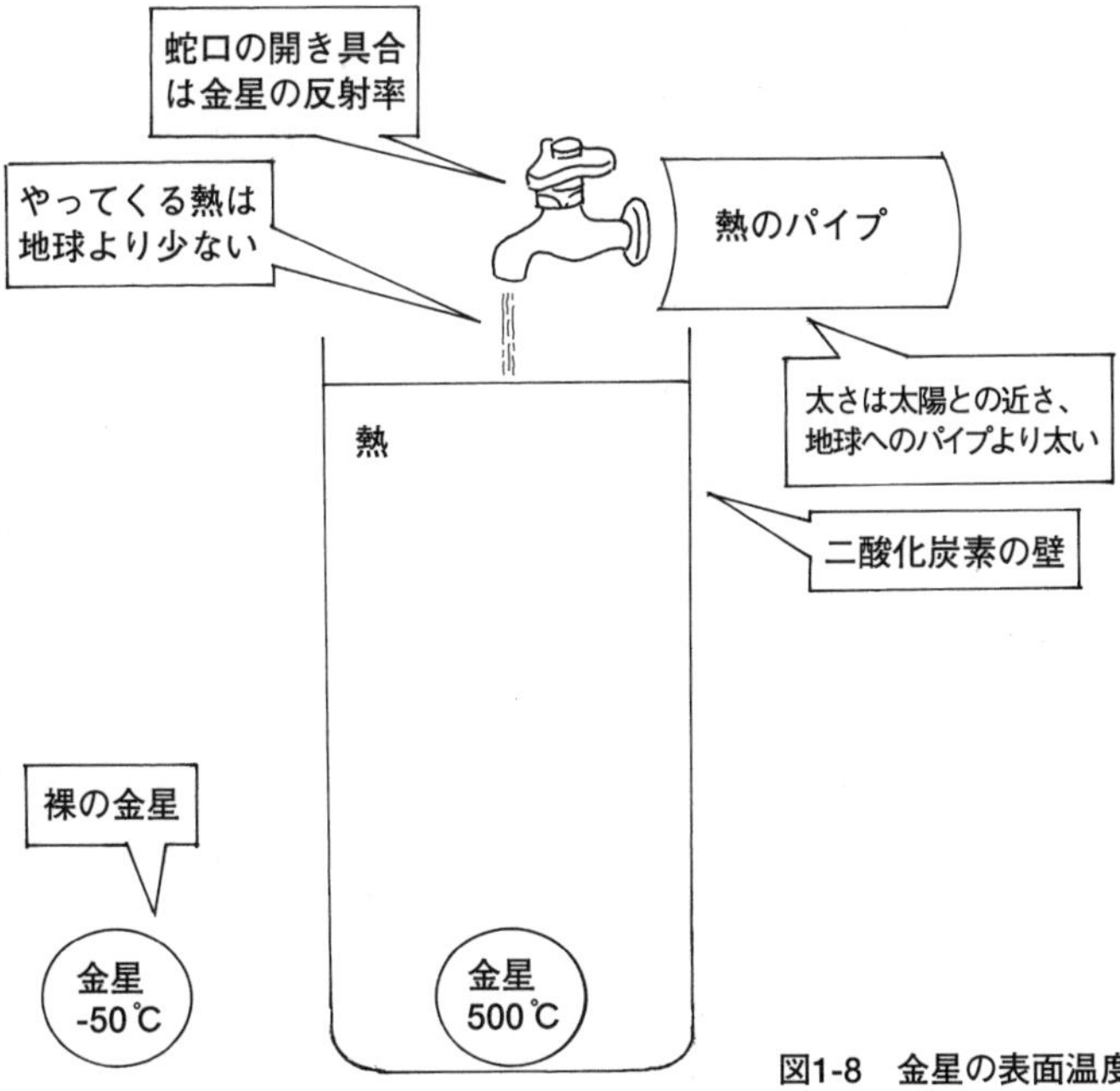

図1-8　金星の表面温度

大地――「昔は、火星人がいるなんて騒がれたんでしょう？　ということは、きっと地球に近いんじゃないかな？」

火星の大気は、非常に薄くなっています。そして大気のほとんどが二酸化炭素です。それで計算される温度はマイナス六〇℃ですが、実際の温度はマイナス四〇℃となっています。二酸化炭素があるので多少の温室効果があるとしても、やはり火星の大気は薄く、生物に必要な酸素が少ないだけでなく、温度の面でもけっして住みやすい環境とはいえないようです。

いずれにしても地球は、金星や火星に比べて、生物の生存に好ましい条件がそろっているといえます。地球のように、生物の生存に適した星が、広い宇宙上にどれだけあるのかわかりませんが、地球環境は、さまざまな偶然が重なってなのか、それとも神様の意図によるのかはわかりませんが、生き物にとって好ましい環境となっています。

それはまさに「奇跡の星」と呼ぶのにふさわしい惑星です。このすばらしい「奇跡」をわたしたちの手で壊してはならない。そう思います。

大地――「金星が熱い星で、火星は寒い星だけど、太陽に近いか、遠いかじゃないんだ」

陽一――「地球も、一歩まちがえば、金星や火星のようになっていたかもしれないんだね」

大地——「まるでだれかが、生き物たちが快適に暮らせるようにしてくれたみたいだね」
陽一——「せっかく快適な星なのに、みんなでそれを壊しちゃいけないよね」

コラム5　二酸化炭素を閉じ込めた石

金星は、おもに二酸化炭素による温室効果によって、その表面温度は五〇〇℃近くになっています。

こうしてみると、温室効果ガスの威力にはすさまじいものがあります。前に述べましたように、地球もかつては金星と同じように多量の二酸化炭素に包まれていましたが、水蒸気が水に戻り海ができたことで、二酸化炭素がこの海に溶け込みはじめました。やがて二酸化炭素は海中生物のからだに取り込まれ、その死骸が海の底に石灰岩として固定されたのです。はじめに、海ができるだけの温度環境になければ、地球もまた、金星のようにいつまでも大量の二酸化炭素に包まれた灼熱《しゃくねつ》の惑星になっていたかもしれません。しかし幸いなことに二酸化炭素の濃度が下がることで、気温もさらに下がりました。

やがて光のエネルギーを使って、二酸化炭素と水から、糖と酸素を作り出す光合成を行う微生物シアノバクテリアが誕生しました。このような微生物や植物が光合成によってどんどん酸素を作りだすようになりました。酸素と酸素によって生まれたオゾンによって有害な紫外線を吸収する働きにより、地上にも動植物が繁栄しはじめたのです。

特に「石炭紀」と呼ばれる時代は、温暖で多くの植物が繁殖しました。植物は、太陽からもらった光エネルギーを使った光合成をしました。これにより空気中の二酸化炭素を取り込み、大量の酸素を作り出しました。石炭などの「化石燃料」は、じつはこの時代の「大木の化石」だったのです。石炭を燃やすことは、かつて植物が太陽エネルギーによって固定してくれた二酸化炭素を、再び大気中に放出する行為でもあるのです。

❖二酸化炭素がなぜふえているの？

引き続き、江木野《エコノ》家の親子会議をのぞいてみましょう。

大地――「二酸化炭素って、ぼくらが吐く息の中に入っているものでしょ？　なぜ、二酸化炭素がふえているの？　人口がふえたから？」

陽一――「それも大きいかもね。でもそれよりも、工場とかでたくさん石油を燃やしているからじゃないのかなぁ。わが家でも車に乗るときはガソリンを燃やしているわけだし、冬には石油ストーブを燃やしているから、二酸化炭素は出しているよね」

大地――「じゃあ、石油ストーブをやめて、電気ストーブにしたらどう？」

陽一――「ふむ、なるほどそうだ。でも、電気を作るときに、やはりたくさんの化石燃料を燃やすんじゃないかなぁ。火力発電とか。そうすると二酸化炭素がでてるんじゃないのかと思うよ」

日頃わたしたちは、石炭や石油などの化石燃料から、もっとも多くのエネルギーを得ています。つまり化石燃料を「燃やすこと」でエネルギーを得ているわけです。特に石油は、ガソリンや灯油などの燃料になるだけでなく、プラスチックをはじめとする石油化学製品の原料にもなるのです。

じつは石炭や石油が「エネルギー源」となるのは、内部に大きなエネルギーが閉じ込められているからなのです。このエネルギーは、もともと太陽からきたものです。

繰り返しますが、約三億年前、巨大な植物が繁殖していました。植物は、太陽エネルギーによって、大気中の二酸化炭素を材料にして光合成を行うことで成長しました。

やがてこれらの植物が、ためこんだエネルギーとともに地中にうずまり、石炭となったのです。石油は、プランクトンの死骸によって作られていますが、事情はほぼ同様です。ということは、石炭や石油を燃やしてエネルギーを得るということは、石炭であれば三億年前、石油であれば二億年近く前に、太陽からもらったエネルギーを消費していることになります。どこま

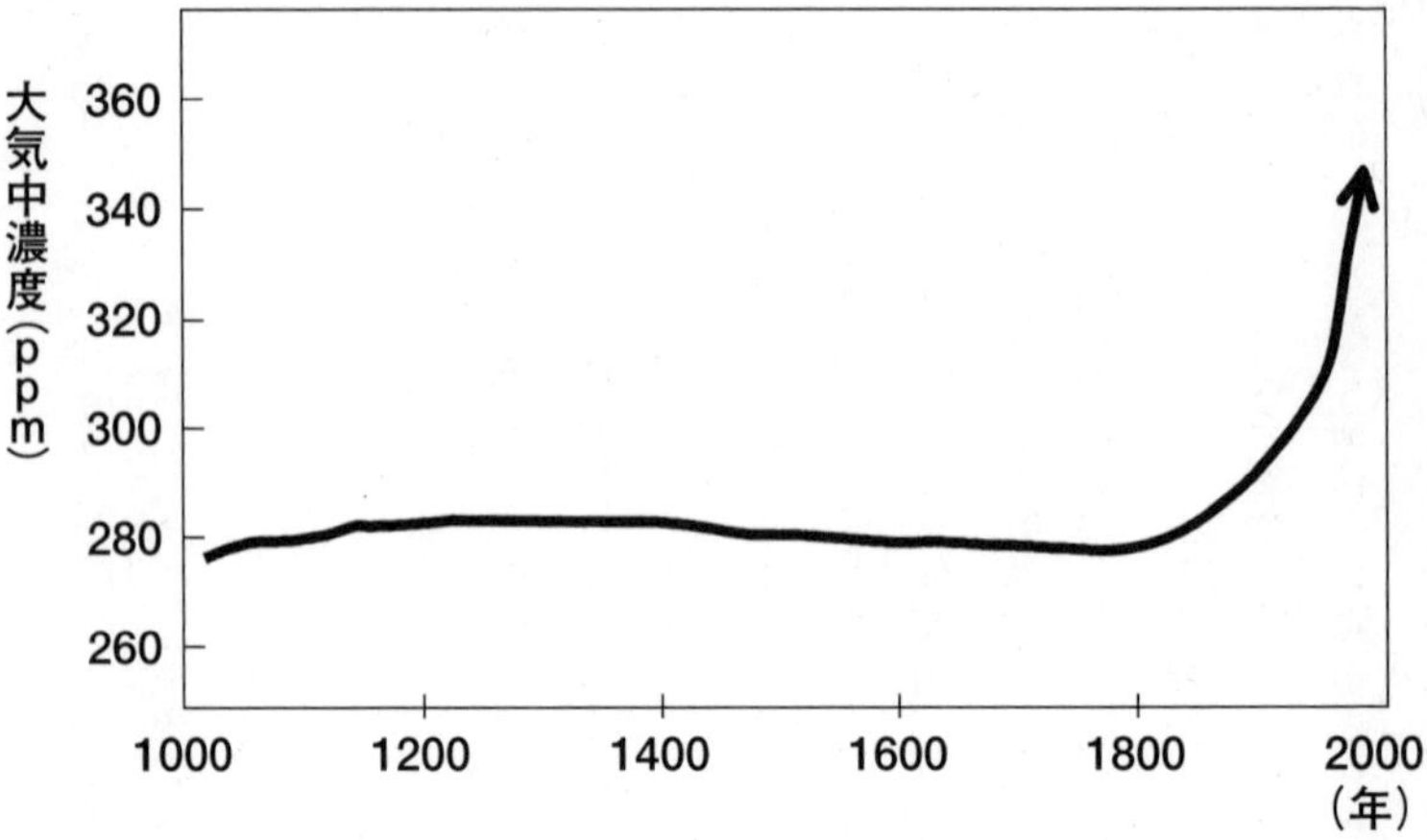

図1-9　過去1000年間における二酸化炭素の大気中濃度の変化

気象庁「気候変動監視レポート2001」より

でいっても太陽の偉大さを見せつけられる話ではありますが。

さらにいえば、大気中の二酸化炭素濃度の推移を見ると、化石燃料を大量に消費するようになった産業革命以降、その濃度は急激に高くなっています。その増加の割合は、年を追うごとにますます増加しています。

これほどの急激な二酸化炭素濃度の増加をもたらしたのは、人間の活動以外に考えられません。かつて、二酸化炭素濃度の高い時代はありましたが、このような急激な変化は、地球はじまって以来のことであろうと考えられています。

現在、日本人一人あたりの二酸化炭素排出量は、年間約一〇トン(二〇〇二年、地球環境保全に関する関係閣僚会議のデータによる）です。一日で約二七キログラムになります。ボリュームでいえば、一日にひとりあたりドラム缶七〇本分も吐き出していることになります。これが、毎日毎日、繰り返されるわけです。地球がおかしくなっちゃう、というのもわかる気がしますね。

❖エネルギー消費量が多いのは？

大地――「なるほどそうか。二酸化炭素をふやさないためには、エネルギー消費量を減らすことが大事なんだね。きっとわが家の生活も見直さないといけないんだよね。でも、工場とかのほうがたくさん二酸化炭素を出しているような気がするけど」

陽一――「それぞれが、どれぐらい影響しているか考えないといけないね」

二酸化炭素の排出量を分野別に見ると、二〇〇〇年の実績で、もっとも多いのが製造業（産業部門）で、全体の約四割を占めています。それに対して、わたしたちの家庭からの排出量は一三・五パーセントだとされています。（図1―10）

ただし、産業用といっても、やがてわたしたちの生活のために使用されるものであるということを考えておく必要があります。また、工場などの産業から排出される二酸化炭素は、現在かなり削減努力がなされています。なぜなら産業の場合、二酸化炭素排出量の増加とは、つまりエネルギー消費の増加を意味するので、経済活動として行なっている以上は、それはコストがかかっていることになりますから、コスト削減の意味でも、それは必要な努力なのです。

企業の場合、右に述べましたように、コストを減らして利益を確保するという目的があるからではありますが、削減できる二酸化炭素の排出については、かなり減らしてきている、といえるでしょう。実際に一九九〇年と比較してみると、製造業での排出量はほとんど増加していません。これに対して家庭用は二〇パーセントほど増加しているのです。

やはり、家庭でのエネルギー消費のほうが、こまめな削減努力が少ないのではないかと考えられています。自分の家で、エネルギーをどれだけ消費しているかについて、多くのご家庭においてはあまり自覚されていない、というのが真相のようです。

これからは、どの家庭でも、自分たちがエネルギーをどれだけ消費しているのか、また、それを減らす余地はあるのか、あるいは、どうすればもっと効率がよくなるか……といったような取り組みが、そして削減できるところはできるだけ減らしていくという努力が、求められているといえるでしょう。

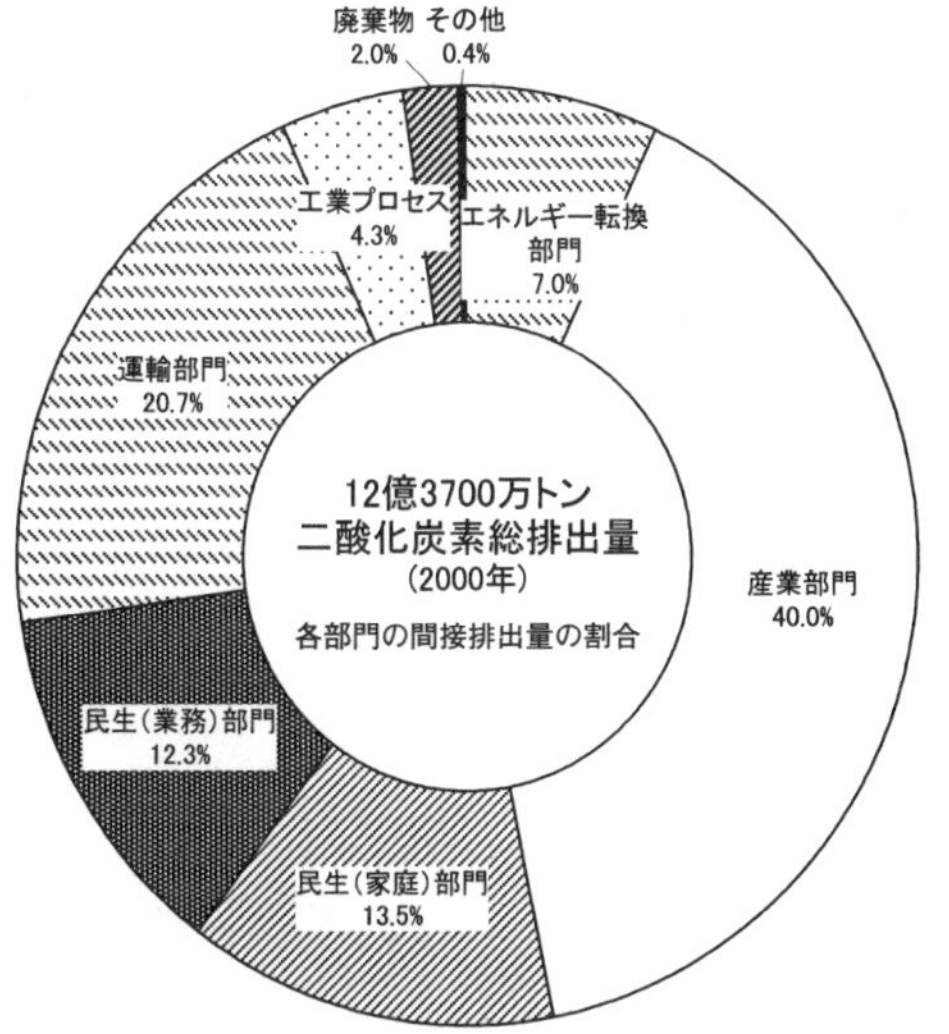

部門	各部門の直接排出量*	各部門の間接排出量*
エネルギー転換部門	382.8	86
産業部門	383.4	494.6
民生(家庭)部門	74.4	166.4
民生(業務)部門	64.8	152
運輸部門	249.6	256.1
工業プロセス	53.2	53.2
廃棄物	24.2	24.2
その他	4.7	4.5
合計	1237.1	1237.1

出所)地球環境保全に関する関係閣僚会議[2002]
*排出量の単位は[百万トン-二酸化炭素(CO2)換算]
直接排出量とは、発電に伴う排出量をエネルギー転換部門からの排出と計算したもので、
間接排出量は、それを電力消費量に応じて最終需要部門に配分しています。

図1-10　日本の部門別二酸化炭素(CO_2)排出量とその割合(2000年)

❖豊かな生活は二酸化炭素の排出と引き換えに

陽一――「みんながエネルギーを使うと、その分だけ二酸化炭素が出てくるわけだね」

大地――「なるほど。エネルギーを使った分だけ二酸化炭素が作られるというのはなんとなくわかったけど、二酸化炭素って実際どのくらいふえているんだろう?」

陽一――「ふえてるっていっても、もともと空気中の〇・三パーセントぐらいのものだし、なんといっても目に見えるわけじゃからね。実感はわきにくいよ」

大地――「でも、確実にふえ続けているんだよね」

これまで、地表面を覆《おお》う熱をため込むものとして、二酸化炭素をあげてきました。二酸化炭素は、物質が燃えたときに出てくるものです。わたしたち自身、食べたものを体の中で燃やすことでエネルギーを得ていますから、吐く息の中に二酸化炭素が含まれているのは当然です。

二酸化炭素の増加の原因と考えられているのは、前に述べましたように、化石燃料の燃焼です。いろいろな製品を作っているいろいろな工場のエネルギー源はほとんど化石燃料です。火力発電もそうですし、ガソリンで走る自動車や石油ストーブなど、わたしたちの身近なエネルギーのかなりの部分が化石燃料から得られています。

この約二〇〇年間、人類の生活が豊かになるにしたがって、わたしたちが消費しているエネルギー量も増加してきました。これが直接的に、二酸化炭素の増加につながっています。実際、二酸化炭素濃度の増加量と人類のエネルギー消費量はほぼ比例しています。エネルギーを使えば使うほど、二酸化炭素はふえているのです。

ここで注意すべきことは、エネルギーを使うというのは、自分自身が直接、消費した分だけでのことを指しているのではないということです。たとえば、家電など新しい製品を購入し、これをある期間使用し、やがて買い換えます。

このことをもう少し詳しく見てみますと、まずこの家電という製品を製造するのに、エネルギーが必要ですね。さらに、これを購入して使うと、つねにいくらかの電気代がかかりますが、これはつまり火力発電などで作られた電力を消費することなのです。

さらに、ある期間この家電を使用した結果、寿命で壊れてしまったとします。この廃棄物を買い換えのためにお店にひきとってもらうとするなら、これを分解・廃棄するために、さらに多くのエネルギーを使います。

たとえ、使用できる部品をリサイクルするとしても、取り出して調整し、再利用するためにはエネルギーが必要です。つまり、製品を購入し、使い、廃棄するときにそれぞれエネルギーを使うわけです。豊かな生活は、エネルギー、つまり二酸化炭素の排出と引き換えで手に入れているのです。

一度、お父さん、お母さんが子供のときと、今を比べて、ふえたものを数えてみましょう。

❖必要なものと必要でないもの

大地――「お父さんの小さいときと、今と比べてみて、ふえたものは何?」

陽一――「そうだなぁ。テレビが白黒一台だったのが今やカラーテレビが二台になったし、もちろんビデオデッキもDVDプレーヤーもなかった。車も家にはなかったなぁ。でも今は一台あるし。エアコン(クーラー)もなかった。それが今じゃあ居間と寝室の二台だもんな。今年は大地の部屋にもつけようかと思っているんだけど……」

大地――「それはぜひお願いします」

陽一――「電子レンジもなかったな。冷蔵庫や電気洗濯機はあったけど、大きさは今と比べて三分の一ぐらいかな。もちろんパソコンもゲーム機もなかった。もちろん携帯電話もなかった」

大地――「なんか、ずいぶんさびしい生活だったんだね」

陽一――「いやあ、そんなこともないよ。いろんな遊びをみつけて、よく遊んだものさ。特に外でよく遊んだよ。友だちと一緒に泥んこになってね。逆に、今みたいにたくさんのものがあると、全部が全部、どうしても必要というわけでもないんじゃないかと思えてくるよ」

日本は、高度経済成長時代、ひたすら「豊かさ」を求めてきました。それはモノの豊かさです。モノが豊かにあれば、わたしたちの生活は豊かで幸せなものになると信じられていました。「あれがあれば便利だろうなぁ」と思われたものがどんどん製造され、それらが次々と家の中にふえてきました。しかし、まわりがみんなもっているから、自分も早く買わなきゃ（仲間はずれになる、流行に乗り遅れる）といった「横並び意識」で買ってしまったものも多いのではないでしょうか。

今では「あってあたりまえ」のものが、じつは少し前まではなかったのです。それでもきちんと生活していたということを考えてみましょう。エアコン、自動車、洗濯機、掃除機、電子レンジ、冷蔵庫、テレビ、ビデオ、パソコン、携帯電話、ベッド、ストーブ、お風呂、ティッシュ……と家の中にあるものを一つひとつあげて、それぞれ「絶対必要」「必要」「あったほうがよい」「どちらでもよい」「ないほうがよい」の欄を作って、家族みんなでそれぞれに丸をつけてみましょう。果たしてみんな同じところに丸がつくでしょうか。

大地――「う～ん。どうしてもほしいか？　と聞かれると悩むけど、とりあえずはみんなほしいなぁ」

陽一――「それじゃあ、ちっとも見直しになってないよ」

大地――「じゃあお父さんはどうなの？」

陽一――「うーん。自分のことになるとやっぱ苦しいね」

あるものが本当に必要なのかどうかは、それぞれの家庭の事情によって違ってくるはずです。たとえば、自動車は環境負荷の高い製品ですが、だからといって今すぐ使用を禁止することはできないでしょう。ただ、今までのライフスタイルから、もう少し環境のことを考えたライフスタイルへの転換を念頭に置いて、わが家に必要かどうか、必要であるにしても、どのような使い方が環境にとって望ましいのか、一度、話し合ってみるとよいでしょう。

このように、必要なものは必要なもので、それがどの程度、環境に影響を与えているのか、そして影響を与えているとしたら、どうしたらその影響を少なくすることができるのか、その使い方を考えていくことが大切です。

第2章

地球温暖化警報、発令中！

――異常気象の時代

❖ 他に温室効果ガスはあるのか

大地――「二酸化炭素以外に地球温暖化するものはないの」
陽一――「他にも影響するものがあるらしい」
大地――「どれぐらい影響するんだろう」
陽一――「それもよくわからないな」

二酸化炭素以外にも温室効果のある気体がいくつかあります。水蒸気、NOx、フロンガス、メタンガスなどです。

まず、意外なようですが、水蒸気にも温室効果があります。地上からの赤外線を吸収して、地上に向けて放射します。一方、水蒸気がふえると、雲の量がふえます。雲は、太陽からくる光エネルギーを反射するので、地上に降りてくるエネルギーを少なくする働きがあります。

それぞれが、どの程度影響するかについては、今のところ結論は出ていません。ただし、水蒸気は人類が積極的に排出しているものではありません。気温が上昇すれば、必然的に水分の蒸発量も増加します。こういったことから、水蒸気は一般に温室効果ガスとは見なされていません。それよりも、コントロール可能な温室効果ガスに対して、その削減努力が求められているのです。

NOx（ノックス）とは窒素《ちっそ》酸化物のことで、工場の排煙や車の排気ガス、農作業における窒素肥料などから発生するといわれています。NO（一酸化窒素）や NO_2（二酸化窒素）のように、窒素原子と酸素原子が結びついてできている物質を、まとめてNOxという記号で表しているのです。

特に車から放出されるNOxについては、かなり厳しい環境規制が行なわれていますから、NOxだけでなく、車が放出する有害物質の量は、現在は確実に減少してきています。

ただし、車の台数が莫大《ばくだい》なため、依然として大きな影響を及ぼしていると考えられています。地球全体でみると、発展途上国が自由化して経済的に大きく成長するのにつれて、急激に車の台数がふえてきていますが、反面じゅうぶん整備されていない車も多く、大気汚染の原因となっている可能性があります。

❖フロンとオゾン層破壊

フロンについては、近年オゾン層を破壊する物質として有名になりました。

フロンガスのなかでも特定フロンと呼ばれるガスは、安定で毒性もなく、従来スプレー缶の噴射剤などとして使われてきました。しかし、生物を有害紫外線から守っている地球のオゾン層を破壊する可能性が指摘されてから、今は使用されなくなりました。

現在では、オゾン層に対する影響が少ない、あるいはまったくないとされている代替フロンと呼ばれるものが使われるようになっています。これらの代替フロンは、特定フロンに比べれば、地球温暖化の影響は少なくなっているものの、二酸化炭素などに比べれば、はるかに強い温暖化効果をもっています。

この特定フロンは、オゾン層に対する影響だけでなく、地球温暖化についても強い影響が指摘されていました。現在では、オゾン層を破壊しないガスが、冷蔵庫やエアコンの冷媒《れいばい》として使用されていますが、これも地球温暖化への影響は依然として指摘されています。

一般的なフロンは、常温で気体が安定している物質です。少し圧力を加えると液化する性質があります。従来、これもスプレーの噴射剤、冷蔵庫やエアコンの冷媒、コンピュータの部品の洗浄、ウレタンなどを作るときの発泡剤、あるいはドライクリーニングなどにももちいられてきました。

しかし、フロンは放出されると上空にのぼり、有害紫外線を吸収してくれるオゾン層まで到達します。そこで、強い紫外線を受けて、中に含まれていた塩素原子がでてきます。この塩素原子がオゾンを破壊するといわれています。前にも述べましたように、オゾン層が破壊されると、有害紫外線がふえ、皮膚ガンなどの増加が心配されています。

一九九〇年代にエアゾール剤（スプレー缶の噴射剤）は、先を競ってノン・フロンとなりました。いつまでもフロンを使っていると「環境を破壊するメーカー」といわれかねなかったからです。

しかし、問題点を指摘する声もあります。雨の日、コートなどの衣類に、水をはじくように防水スプレーを使うことがあります。防水スプレー（の噴射剤）も、フロンからＬＰＧと呼ばれるガスに変更されました。

しかし一九九〇年代に、室内で防水スプレーを使って、それを吸い込んでしまった人が呼吸困難になる事故が続発しました。防水スプレーは、肺の中に吸い込んでしまうと、肺の働きが妨げられ、呼吸困難を起こしてしまいます。そうならないように、防水スプレーは、エアゾール剤の中でも、できるだけ大きな粒子が噴き出すように設計されています。これは空気中に成分を漂わせずに、衣服に付着させるためです。粒子が小さくなってしまうと、空気中に漂いやすくなるため、それを吸い込んでしまう事故がふえる可能性があります。

一九九四年、防水スプレーの粒子を大きくしようと、当時の厚生省から指導があり、現在では事故も大幅に減少しています。

いつまでもフロンを使っていると、だれも買ってくれなくなる、という状況下ではありましたが、噴射剤変更時、安全性も含めてじゅうぶんな検討がなされていたのか、疑問が残ります。いくら環境にいいことであっても、じゅうぶんな準備と公平な評価がないと、いい結果に結びつかない、ということを教えてくれている出来事だと思います。

❖メタンガスが発生する

メタンガスは、沼地での発酵、牛などのゲップなどが発生源です。

牛は四つの胃をもち、一度食べた草を、あとでさらに噛み砕くことから「反芻《はんすう》動物」といわれていますが、その過程で無視できない量のメタンガスが発生します。このことから、牛にゲップをさせない対策が真剣に研究されているのです。

またメタンガスは、シベリア大陸の凍った土、いわゆる永久凍土の下に大量に存在しています。このため、地球温暖化が進むと、永久凍土が溶けて、大量のメタンガスが発生し、さらに温暖化が進む可能性があります。

これまで述べてきましたように、温室効果ガスは二酸化炭素以外にも存在し、そのガスを規制することも重要なことです。しかし、もっとも影響の大きい二酸化炭素の排出の問題を最優先させないと、どんどん悪循環が進んでしまう可能性がありますから、そのことに重点をおいて述べてきたわけです。

❖温室効果ガス排出量の推移

二酸化炭素と、他の温室効果ガスの排出量についてみてみましょう。後出の図2―1では、二酸化炭素以外の温室効果ガスは、その温室効果の強さに応じて、二酸化炭素に換算してあります。たとえば二酸化炭素よりも一〇倍強い温室効果ガスは、一キログラムでも一〇キログラムとして計算してあります。

一部のガスは一九九五年から示していますが、それにしても、全体的に温室効果ガスがふえているのがわかります。

❖ヒートアイランド現象の恐怖

大地――「お父さん、二酸化炭素がふえると地球が温暖化するっていうことがわかってきたけど、でも実際にものを燃やしたときの熱なんか関係ないの?」

陽一――「そうだなぁ。出した熱のせいで、地球が温暖化するっていう話は、あまり聞かないなぁ」

大地――「ストーブや工場なんかでたくさん石油なんかを燃やしているけど、その熱の影響は

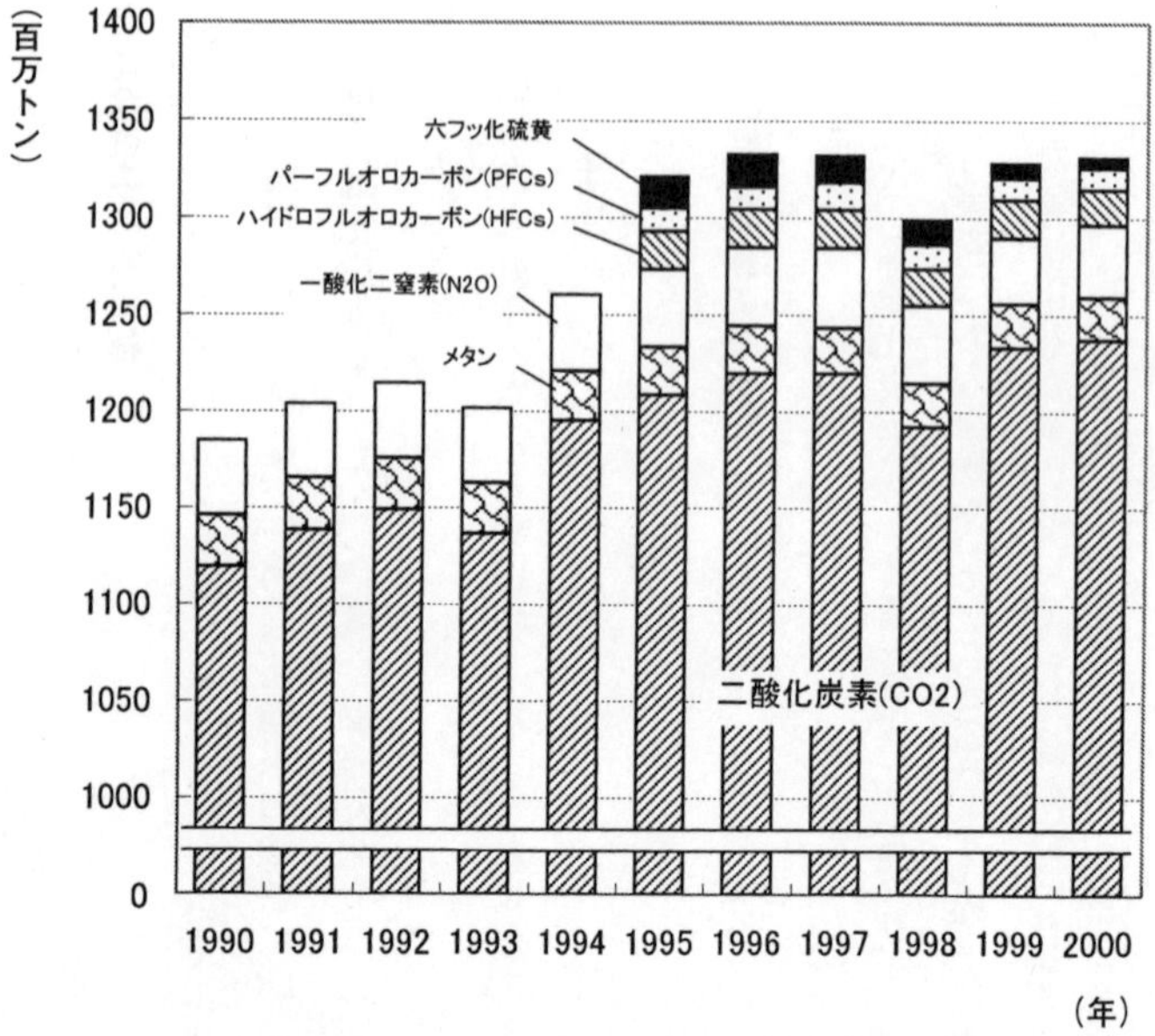

図2-1　日本における温室効果ガス排出量の推移

排出量は温室効果をもとに二酸化炭素に換算。HFCs、PFCs、SF_6（六フッ化硫黄）は1995年以降のみ示す。

出典：地球環境保全に関する関係閣僚会議（2002）

ないのかなぁ？」

陽一――「多少は影響しそうな気もするけどね」

この親子の会話の通り、人間の活動にともなって出る熱は、地球温暖化に対する影響は、一般には少ないといわれています。なぜかというと、太陽から降り注ぐ熱量に比べて、人間の活動による発熱の絶対量が少ないのが最大の理由です。

ただし、人間の集まっている都市部では、排出した熱の影響で、まわりの土地に比べて、気温の上昇が認められています。

熱を排出するというと、エアコンの室外機から出てくる熱風をイメージされるかもしれません。たしかにエアコンは、室内の熱を外へ吐き出す機械なので、大きな影響を与えているかもしれません。

しかし、熱を排出しているのはエアコンだけではありません。都会には、大量の電力が供給されています。身近なものを考えただけでも、室内の明かり、ネオン、自動販売機、電車、エレベーター、エスカレーター、数えればきりがないでしょう。これらに、絶えず電力が供給され、そのうちの何パーセントかは、確実に熱になっているのです。その上、都会で消費される自動車のガソリンも加わります。

都市部での気温上昇の原因は、排出する熱の量以外にも、都市部におけるビルと舗装《ほそう》された道路にもあります。緑地がなく、水の蒸発量が減少することで、温度が上昇しています。水は、蒸発するときに気化熱を奪います。熱い夏の日、家の前に打ち水をすると涼しくなるのはこの理由によるのですが、都市部においては、いわば自然の打ち水ともいえる緑地を減らしてしまっているのです。都市部を熱が見える赤外線カメラでとらえると、まるで熱でできた島のように見えます。このことをヒートアイランド現象と呼ぶのです。

前にも述べましたが、日本全体の過去一〇〇年間の気温上昇は約一℃強です。一〇〇年で一℃上昇するというのは、過去の気温変化からみると驚異的なスピードなのですが、東京の気温は同じ一〇〇年間で約三℃も上昇しています。このことからも、都市化は気温の上昇に大きな影響をもつことがわかります。

図2—2と2—3に、一九〇〇年と二〇〇〇年の年平均気温が示されています。一〇〇年間で全体的に気温が上昇していますが、特に都市部での上昇がよくわかります。まさにヒートアイランドですね。

ヒートアイランド現象によって、夕立が減少し、都市部における豪雨の増加などが指摘されています。

夏の夕方、空が暗くなったと思うと、雷が鳴ってザーッと強い雨が降り出すことがよくあり

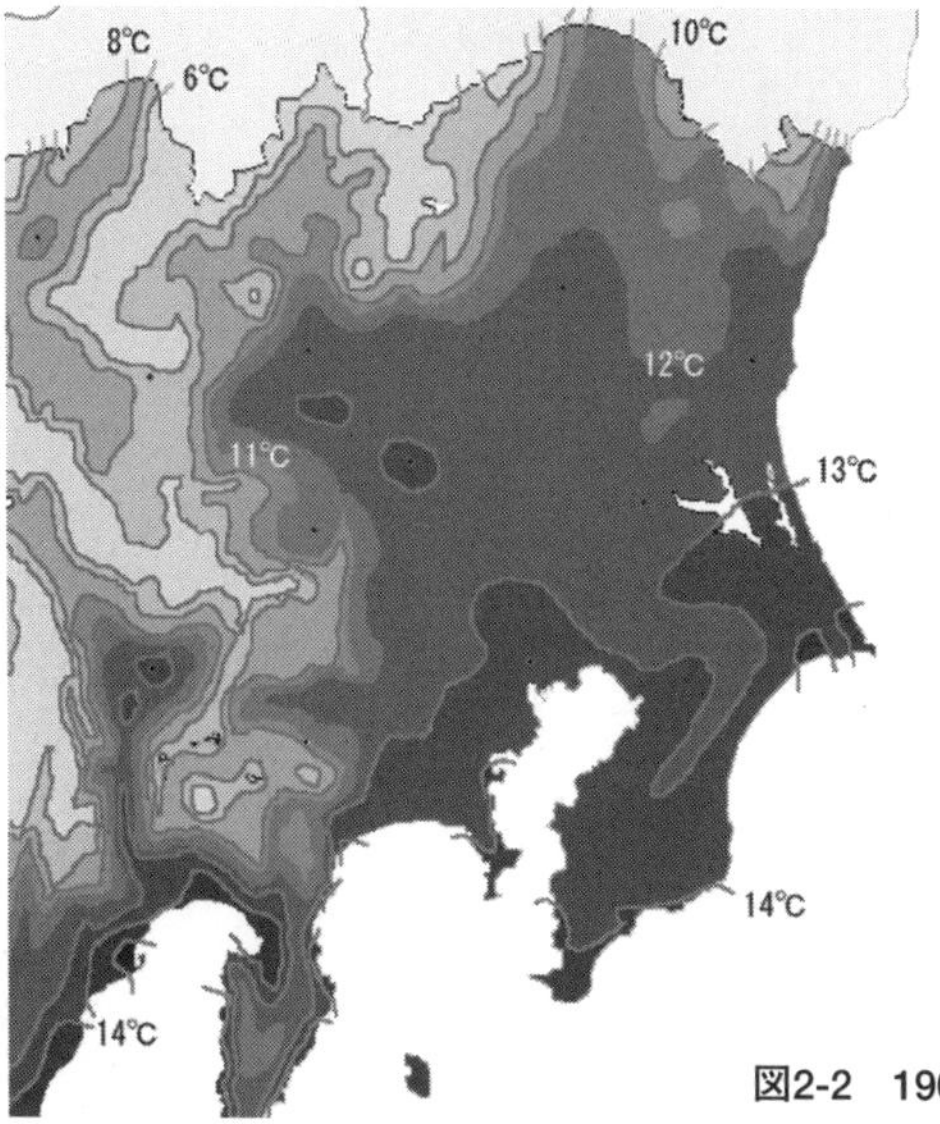

図2-2　1900年の年平均気温

気象予報士会埼玉支部作成(データ：気象庁)

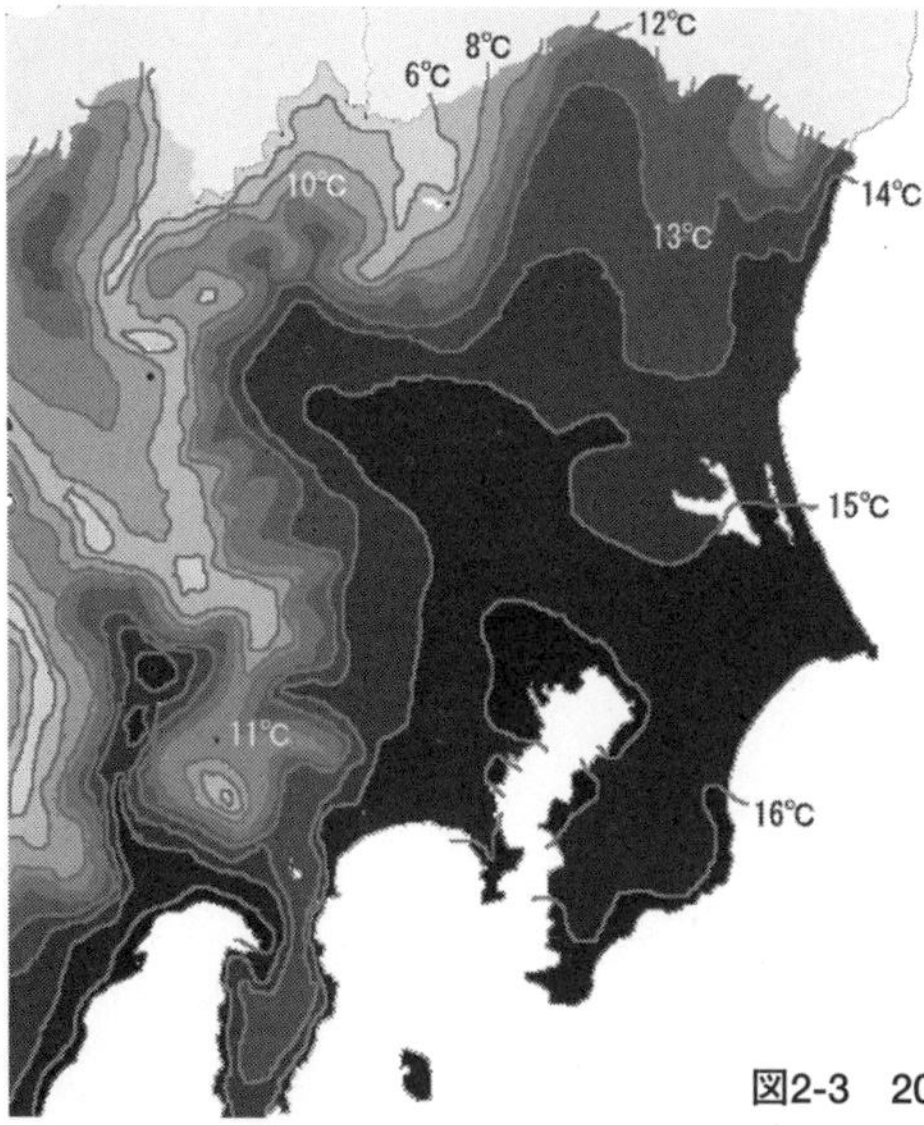

図2-3　2000年の年平均気温

気象予報士会埼玉支部作成(データ：気象庁)

ました。夕立です。雨宿りをしていると、やがて雨はやみ、涼しい風が吹いてきたものです。

ところが、最近はこのような夕立が減り、かわりに夜間に雷をともなう大雨が降る現象がふえてきました。都市部におけるこのような現象の原因として、ヒートアイランド現象が考えられています。

都市部においては、地球全体に及ぶ温暖化に、さらに輪をかけて気温の上昇が起きていることになります。

❖地球温暖化の予測はできる?

引き続き、親子の会話に耳を傾けてみましょう。

大地――「地球が暖まる理由はなんとなくわかってきたけど、本当に暑くなっているの?　昨年の夏の暑さは、やっぱり温暖化のせいだったの?」

陽一――「う〜ん、たしかに、夏は猛烈に暑い日が続いていたからね。ふつうじゃなかったよ。でも、それは本当に温暖化のせいなのかどうか、よくわからないよね」

大地――「温暖化といっても、本当のところ、どのぐらい暑くなっているか、これからどこまで暑くなるのかが、やっぱりある程度はわからないと、『これが温暖化のせいです』

なんて言えないんじゃないの?」

陽一――「ふむ。そのとおりだね」

今までに得られているさまざまな温度の変化の統計やコンピューターによるシミュレーションの結果から考えると、やはり地球温暖化の傾向は、はっきりしているといえそうです。しかし、具体的に昨年の夏の暑さが、本当に温暖化の影響だったのか、それとも単に自然変動なのかを見極めることは、なかなか困難です。

日本の過去一〇〇年間で、気温が約一℃上昇していることは前に何度か述べました。たった一℃と思うかもしれませんが、これは大変な変化なのです。

地球は、かつて灼熱の惑星であり、長い期間かけて温度が下がってきています。もちろんその間、多少の下降や上昇はありましたが、それでも、その変化のスピードは、一℃変化するのに、平均して数千年かかっていたのです。

今までの温度変化に比べて、異常なスピードでの温度変化であることがおわかりいただけると思います。このようなかつてない変化を生み出しているのは、まちがいなく人間の活動です。

産業革命以降、人類はずっと、いかにしてエネルギーを使い、快適な生活を実現するかという問題に取り組んできました。まるで「人類の幸福=エネルギーの消費」とでも考えていたかのように思えるくらいです。消費社会とはよく言ったものですね。

それでも、人類の活動が、地球環境の規模に比べて、ごく小さいものであった時代にはそれでよかったかも知れませんが、すでに人類の活動は、地球環境に甚大《じんだい》な影響を与えるほどの規模になっています。

地球温暖化によって、温度がどこまで上昇するかについては、ＩＰＣＣ（政府間パネル）や気象庁が予想を出しています。ＩＰＣＣでは、二一〇〇年には、一九九〇年に比べて、一・四～五・八℃も上昇すると予想しています。（図２―４）

少なくとも、過去、一万年の間に観測されなかった上昇率であるとしています。気象庁でも、気象研究所が開発した気候モデルによる予測を「地球温暖化予測情報」として発表しています。それによると、大気中の二酸化炭素の濃度が、年率一パーセントの増加率で増加したとき、地球全体の平均では約二・五℃の上昇が予測されています。

この気温上昇予想をどう評価するかはむずかしい問題があります。どこまで、予想が正確なのか、という問題です。

［註］ＩＰＣＣ（Intergovernmental Panel on Climate Change）＝世界の各国政府が地球温暖化問題について検討を行なう場として、国連環境計画（ＵＮＥＰ）と世界気象機関（ＷＭＯ）が共同で一九八八年に設立した。

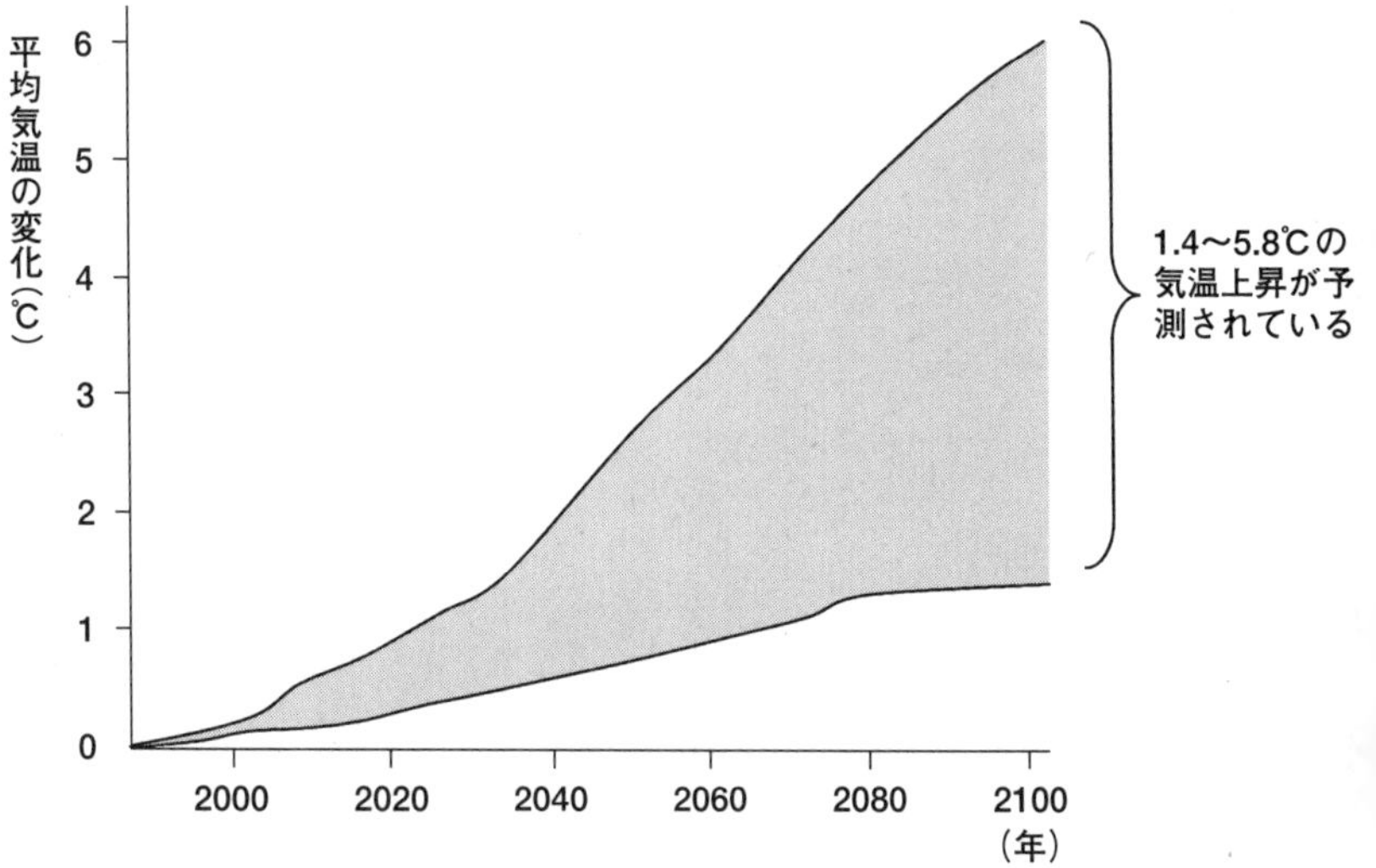

図2-4　IPCCによる予測

さまざまな気候モデルやシナリオを用いて予測された地球全体の気候の変化予測。（最大値と最小値のみ示す）グラフは1990年からの変化量をしめしている。

❖ 天気予報はどうやって？

大地——「対策をとれって言われても、予想が確実じゃないんだから、ちょっと力が抜けちゃうよなあ」

風子——「お兄ちゃんって、試験の前になると、出そうなところばかりを予測して勉強しているけど、いつもあとで、ヤマがはずれたって大騒ぎしてるもんね」

大地——「なんだよ！　横から余計なこというんじゃない！」

陽一——「でも、どうしてあたらないんだろうね」

風子――「お兄ちゃんの勘がわるいからじゃないの?」

陽一――「いやいや、そっちじゃなくて……」

ここで、少し予想の当たりはずれということについて考えてみましょう。

まず、身近な「天気予報」で考えてみましょう。テレビの気象予報では、明日の天気を予想するために、現在の気象の状態を調べて、それがどう変化し推移していくのか、コンピューターで計算します。じつは予想がはずれる原因がこの作業の中にあります。

まず、コンピューターが使っている「計算の方法」がよくない、ということがあげられます。コンピューターは、どうやって明日の気象の状態を計算するのでしょうか? 気象という複雑な現象をそのままコンピューターに入れることはできませんので、単純化した「一定の型」にあてはめて計算しています。この一定の型をモデルといいます。

たとえば、地上を碁盤の目状に区切って、その交点の気温、気圧、風向、風速が、時間経過でどう変化するかを計算します(図2―5)。もちろん細いアミ目にしたほうが正確ですが、正確なモデルをもとに計算するためには、優秀なコンピューターが必要になります。この点で、以前のコンピューターよりも、より速く計算のできる最新のスーパーコンピューターが使用さ

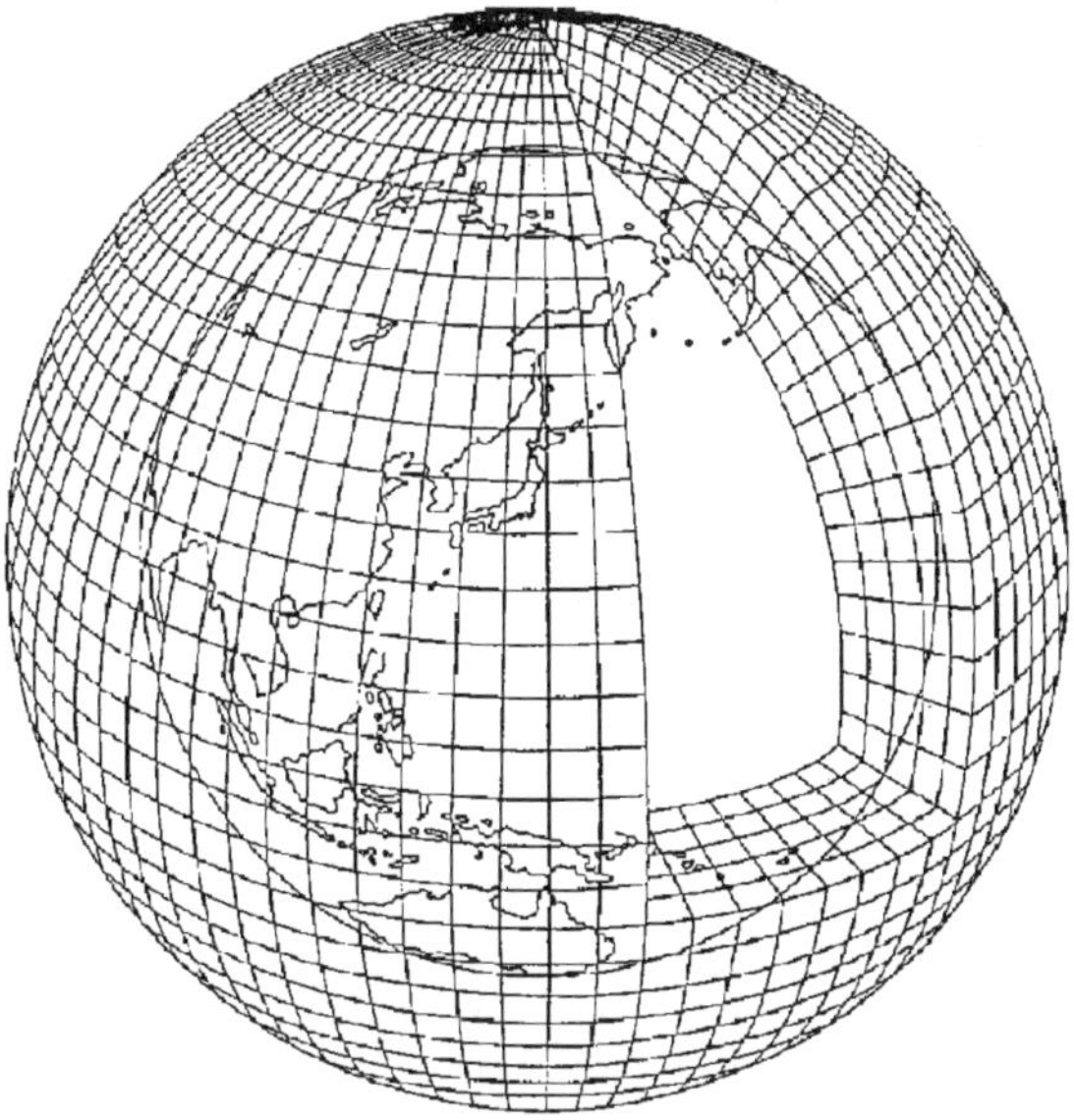

図2-5　気候モデルにおける格子点のイメージ

地上を碁盤の目状に区切って、その交点（格子点）における気温、気圧、風向、風速が、時間経過でどのように変化するかを計算します。碁盤の目が細かいほど正確になります。

れています。そしてより改良されたモデルで計算されています。

それでも気象の複雑さからみれば、まだじゅうぶんとはいえません。

❖予報がはずれる原因

次に予報がはずれる原因として、現在の気象状況が正確につかめない、ということがあります。コンピューターは入力されたデータをもとに計算しますので、入力されたデータに、欠けた部分や、正確でないところがあれば、当然結果も違ってきます。

天気予報では、地上および上空の気圧、気温、湿度、風向、風速などを観測していますが、正確に、きめの細かいデータを集めることは容易ではありません。さらに問題なのが、入力データが少しだけ違っているときに、結果がどれぐらい違うか、という点です。つまり、スタート時点で少しだけ誤差があるときに、ゴールがどれだけ違ってくるか、ということです。

はじめに誤差があっても、結果があまり変化しない例として、キャッチボールをイメージしてください。投げる角度や投げるスピードが違えば、ボールの届くところは変わりますが、投げるコースが少しだけ違うときは、少しだけ違うところに落ちますね。

大きく変わってくる例のほうは、パチンコをイメージしてください。パチンコの玉は、ほとんど同じようなところにあたっても、その少しの違いで弾み具合が変わって、まったく違うところに落ちてきます。

どちらの予想が簡単でしょうか? キャッチボールのときのボールの行方は、だいたい予想がついても(つかない人もいるかもしれませんが)、パチンコ玉の行方を予想するのは、むずかしいというのがわかると思います。

天気予報が予想している気象現象は、じつはパチンコ玉タイプなのです。現在の気象状況を寸分の狂いもなく、正確にとらえるのは不可能です。どうしても誤差は避けられません。そういうデータをもとにしている限り、気象現象という玉の行方を正確に予想するのは不可能ということになります。

「ブラジルで蝶が羽ばたくと、テキサスに竜巻ができる」

というような言葉がありますが、これは蝶が羽ばたくかどうかというわずかな現象が、じつは非常に大きな気象現象につながる、という意味です。まさに気象のむずかしさをよく表している言葉です。

もちろん、いろいろな工夫もなされています。パチンコ玉の行方の予想がつきにくいなら、何個もはじいて平均をとる、という方法が考えられます。これは実際に、「アンサンブル予報」として参考にされています。とはいえ、本質的に予想がむずかしいということには変わりありません。

では、どう天気予報をしているのでしょうか。一つは、誤差の範囲が狭いところ、あるいは、広がる前を予報することです。つまり、明日の天気なら、じゅうぶん正確に細かい地点まで予報しています。

一方、週間予報になると、都道府県を単位として、予想範囲を広げます。これは、細かい地点を予報しても、誤差が生じ、正確ではないからです。季節予報になると、全般に暖かいか、寒いか、暑いか、涼しいか、という予報にとどまります。予報が、正確でない分、大雑把に予報しているということになるでしょうか。

コラム6　スレットスコア

天気予報で問題となるのが、当たりはずれです。なぜ、はずれるのかは、本文で述べましたから、ここでは別な面で考えて見ましょう。

ふつう、当たるかはずれるかは、何パーセント当たるかというような「的中率」で考えます。しかし、的中率でみるとおかしなことが起きます。

たとえば、「大地震の発生を九九・九パーセントの確率で予想する」なんてことができます。答えは「明日、大地震は起きない」というものです。たしかに、大地震はめったに起きないので、こう言っておけば、九九・九パーセント当たるでしょう。よく引用される例ですが、当たったか、はずれたかだけで見てはいけない、ということがわかる例だと思います。

本来「はずれ」には、起こることを見逃した「見逃し」と、ないのにあると予想した「空振り」があります。当たりにも、起こることをズバリ予想した「大当たり」と、起きないことを予想した「当たり」があります。

「当たり・はずれ」のどのタイプかを分類して、評価する必要があります。大地震を例にとれば、発生を当てた「大当たり」の価値は非常に高くなります。はずれについていえば、少々空振りがふえても、見逃しをなくすよう努力すべきでしょう。

このように、「当たり・はずれ」のタイプ別にスコアをつけて評価することを、スレットスコアと呼びます。

❖全力で回避する努力をすべき

将来の温暖化の程度に関する予想がむずかしいのは、コンピューターによる予想の部分だけではありません。もし、火山が大規模な噴火を起こせば、火山灰が舞い上がり、全地球的に広がります。

上空に上った火山灰は、地球に降り注ぐ太陽エネルギーを反射してしまいます。地球の反射は、太陽から運ばれる熱のパイプの蛇口だと前に述べました。火山灰がふえると、蛇口が閉じてしまうことになります。地上から見ると、空が暗く覆われ、太陽の光が届かない状態になります。当然、地上の気温が下がります。

かつての氷河期も、大規模な火山の噴火、あるいは巨大隕石の落下によって起こったと考えられています。今後もこのようなことが起これば、温暖化どころか、地球の気温は低下し、氷河期になる可能性もゼロではないのです。

このように、地球の将来の温度の予測については、予測が可能なものであるのか、不可能なものであるのかを含め、不確定要素が多く含まれているのです。

しかし、厳密にわからないからといって、自国に都合のよい予想を選択してはならないでしょう。結果がはっきりしないからといって、手をこまぬいているわけにはいかないのです。結果が出たときには手遅れになってしまいかねません。

今取り扱っている問題が、取り返しのつかない結果に結びつく可能性があるならば、それを全力で回避する努力をすべきでしょう。不確実だからといって、対策を待つことはできません。何が起こるのか、あるいは起ころうとしているのか、きちんと考えておく必要があります。

もしかしたら起きないのかもしれない、という可能性もあることを納得した上で、行動を選択することもあって当然なのですから。

❖温暖化の影響は？

大地――「温暖化すると、どんな影響があるんだろうね」

陽一――「いろいろと勉強してきて、大変なことが起こりそうだ、という気がしてきたけど、何が起こるのかと言われると困ってしまうね」

大地――「冬が暖かくなるかわりに、夏が暑くなる……だけじゃないよね」

陽一――「異常気象、気象災害、海面上昇……。あと何があるだろう？」

地球温暖化の進行によって、地球全体の温度が上昇するのはたしかですが、すべて均一に温度が上昇するわけではありません。あまり影響を受けないところと、平均以上に温度が上昇するところとが出てきます。

また、その地域の温度上昇はさほどでなくとも、気象現象の変化、海面の上昇など、地球全体の温暖化の影響を受ける部分もあります。実際にどれだけ温暖化するのかといわれると、正確な予想はむずかしいのですが、その結果、どんな影響があるのかということも、明確な予想は困難なのです。

しかし、具体的な予想をするのは困難でも、どのような方向に向かうかという予測についてはかなりはっきりしています。では、現時点で予想されている地球温暖化の影響について、次に見てみたいと思います。

❖どんなことが起こるのか

何かある現象が起きたときに、その原因を特定するのは簡単ではありません。たとえ今年の夏が暑かったとしても、それが温暖化によるものなのか、単なる気候の変動なのか、原因を見極めるのは困難です。それでも、地球温暖化で起こると予想されていることが、実際に起きているかどうかは、見て確認することができます。

地球温暖化で予想されていることは、気象条件の変化とそれにともなう異常気象です。これによって、たとえば日本で「熱帯病」が流行するなどの「疾病《しっぺい》構造の変化」が起きたり、洪水や水不足が起きたりすることが予想されます。そうなれば、食料不足も深刻なレベルとなるでしょう。また、温暖化にともなう海水面の上昇も重要な問題です。

❖異常気象ってどんなこと？

三〇年に一度しか起きないような気象現象を異常気象といいます。ふつう、異常気象というと、最高・最低気温の更新や大変な集中豪雨、それにともなう洪水などをイメージするのではないでしょうか。しかし、たとえば、一日の温度変化が平年に比べてわずかに低いだけでも、それが、一ヵ月間続けばじゅうぶん異常気象であり、農作物にも深刻な影響が出るでしょう。地球温暖化における異常気象を考える場合、少しその範囲を広く見ておく必要があります。

ところで、平年値も異常気象も三〇年がキーワードになっています（二五頁参照）。いいかえると、今は異常な状態でも、その状態が三〇年続けば、ふつうになってしまう、ということです。たとえば、平年より三℃気温が高くても、その状態が三〇年続けば、三℃高い値が平年の値となります。

今起これば、異常気象と呼ばれる現象でも、何度も何度も繰り返すようになれば、もはや異常気象ではなく、通常の気象現象と呼ばれるでしょう。

このことが示しているのは、平年との比較や、異常気象という言葉で問題としているのは、安定した状態なのか、変化をしつつあるのか、ということです。多少温度が上がっても、上がった状態が三〇年も続けば、一応、安定した状態といえるでしょうし、住んでいる人間も、それなりの対応ができるでしょう。

しかし、少しずつでも気温上昇という変化状態にある間は、不安定で、何が起こるか予想がつかない状態なのです。

温暖化の影響を考える上でまず認識すべきことは、従来の状態が「正常」で、新しい状態が「異常」ということではないということです。むしろ逆で、人間のほうが今までの状態に合わせて、生活を作り上げてきたにすぎないのです。

基本的には、降水地域が変わったのなら、それに合わせればいいことです。しかし、それには時間がかかります。また、堤防などの気象災害を防ぐ手立ても、従来の状況に合わせたものです。また急に降水量がふえれば、深刻な洪水が起こります。地球温暖化での本当の問題は、温暖化した後ではなく、その過程にあるのです。

❖ 水不足と洪水が同時進行する！

まず、温暖化によって、雨の降り方がどう変わるのかを見てみましょう。

地球上にある水は、その九七パーセントが海に存在しています。湖や川の水は、全体の〇・〇二パーセントです。地下水は意外に多く、〇・六パーセント存在しています。さらに大陸上にある氷は、二・四パーセントです。

そして空気中に存在している水の量は、〇・〇〇一パーセントに過ぎません。雨として降ってくるのは、すべてこの水です。

そこで、地球が温暖化すると、水の蒸発量がふえて、空気中の水蒸気は増加すると考えられています。蒸発した水は、やがて雨となって降ってきますので、蒸発量がふえるということは、雨の量もふえるということになります。

雨の量がふえるので、水不足の心配は無用だという意味でしょうか。じつは、大洪水と水不足は〝同時進行〟するものだと予想されているのです。というのも、地球上に降ってくる雨は、すべての土地に均一に降るわけではないからです。降水の多い土地もあれば少ない土地もあるのです。

このように、雨の降り方を決めているのが「気象条件」です。これが変わってしまうと、洪水と水不足が同時進行してしまうのです。たとえば、中国における黄河の干上がりと揚子江の洪水が、その象徴的な例でしょう。

大河の代名詞のように思われている黄河の水が干上がり、その下流では、水の流れが途絶える断流がたびたび発生しています。一方、もう一つの中国の大河・揚子江においては、死者数千人を超えるような大洪水が起こっています。

渇水については、過度の取水がその原因として、また洪水については、上流の森林伐採などが原因として考えられています。しかしこのあまりに対照的な二つの現象を目のあたりにすると、地球の気象システム自体が変化していると考えざるを得ません。黄河文明は紀元前五〇〇〇年頃から栄えた文明です。これほど長い間にわたって、人々の生活を支えた水が、今、地上から姿を消そうとしているのです。

❖ 世界的な現象

同じような異常は、中央アジアやヨーロッパでも起きています。中央アジアに「アラル海」と呼ばれる湖があります。その面積は、もともと七〇、〇〇〇平方キロメートルといわれ、北海道に匹敵するほどの面積でしたが、水がどんどん干上がり、現在ではその面積の四〇パーセント以上が減ってしまったと報告されています。

ところが、アラル海が干上がる一方、チェコ、スロバキア、ポーランド、ドイツなどでは、近年、大規模な洪水がふえています。ということは、農業用水としての取水の影響だけとは考えられません。今までと、降水の量や地域などが大きく変化している可能性があります。

住まいというのは、その地方の気象と密接にかかわっています。つまり、雨や洪水の多いところでは、それに耐えるように建てられていますし、堤防などの防災の面でも対策が施されています。

しかし、温暖化で気象条件が変わり、今まで雨の少なかった地方が、突然、豪雨地帯となってしまったらどうなるでしょう。豪雨に対する備えのないところでは、深刻な気象災害となるでしょう。

国内においても、これまであまり集中豪雨と縁のなかった土地での洪水がふえているという報告があります。東京都内においても、従来あまりみられなかった、局地的な集中豪雨が起こるようになってきました。これらをすべて温暖化が原因とは言い切れませんが、地球上の気象メカニズムが変わりつつあるのはたしかなようです。

この他、バングラディシュや北朝鮮、あるいはヨーロッパなどでも、深刻な大洪水が起きています。これらにも、地球温暖化と、それにともなう気象メカニズムの変動がかかわっていると考えられます。これは、今後さらに深刻な状態となる可能性があります。

大地――「洪水が起きそうなところは、これからでも、堤防を作るとかできないのかなあ?」

陽一――「もちろん、作ることはできると思うけど、全部の川に作るわけにはいかないだろう? 予算だって相当いるし」

大地――「起きそうなところから作れば?」

陽一――「今まで、何度も洪水が起きているんだったら、経験があるから対策もできるんだろうけど、これからは起こる場所が変わるんだから、新たに洪水を経験するところは大変だよ」

❖ 水不足と日本の降雨量

日本においては、深刻な「水不足」も心配しなければならない問題です。というのも日本は、狭い土地にたくさんの人が住んでいるからです。日本の人口密度は世界平均の七倍以上です。それだけたくさんの水を必要とします。

しかし幸いなことに、日本の降水量は年間一七〇〇ミリメートルです。これは世界平均の約二倍で、またインドネシア、フィリピン、ニュージーランドに次いで、世界でも屈指の降水量といえます。これだけ雨が降ってくれるおかげで、人口密度が高いにもかかわらず、何とか水を使うことができているのです。

ですから、一人あたりの年降水総量で見ると、五・二四立方メートルとなり、これは決して多い量ではありません。日本は水の豊かな国と考えられていますが、必ずしもそうとはいえないことがわかると思います。

もし、日本の降水量が世界平均だったら、使える水の量は半分になってしまいます。なぜ、日本に降水量が多いのか。そして温暖化でそれがどんな影響を受けるのか。以下で少し見てみましょう。

①ジェット気流、②ヒマラヤ山脈、③梅雨。

何の関係もなさそうに見えるこの三つの関係から考えてみましょう。

まず、ジェット気流です。ジェット気流というのは、南側にある暖かい空気と、北側にある冷たい空気が、上空において隣り合わせになっているところで、強い西風が生まれます。これが、地球全体をまわる強風のことで、ジェット気流と呼んでいます。特にジェット気流の強い冬には、西に向かう飛行機と東に向かう飛行機のスピードが違うのですが、これはジェット気流の影響です。

ジェット気流は、冬には南に片寄り、夏には北に上がっていきます。ちょうど初夏の頃に、ジェット気流はヒマラヤ山脈にぶつかります。ヒマラヤ山脈にぶつかって、南北に分断されたジェット気流の合間に、日本が入ってしまったような状態になります。

そこに、南側から暖かく湿った空気が流れ込みます。その影響で、日本付近には梅雨前線ができます。これが梅雨時に大量の降水をもたらすのです。

流れる川にできる渦は、いろいろなところにできたり、消えたり、動いたりを繰り返しますが、そこに杭が立っていると、その下流側には、ずっと同じような渦ができますね。ちょうどこの杭にあたるのがヒマラヤ山脈で、このずっと動かない渦にあたるのが梅雨前線です。

もしコンピューター上で、ヒマラヤ山脈を削《けず》ってシミュレーションしてみると、日本に梅雨はなくなります。世界中で梅雨らしい気候があるのが、ヒマラヤの風下にあたる中国から日本にかけての地域だけなのも、梅雨が生まれるのがヒマラヤの影響によることを証明しています。

また秋にも、梅雨ほどはっきりとした現象にはなりませんが、秋雨前線が出現し、それによって雨が続くことになります。

❖ 台風はなぜ生まれる?

大地――「へえ〜。ヒマラヤのおかげで梅雨があるんだ」

陽一――「大地は、梅雨は雨ばっかりできらいって言ってたんじゃなかったっけ」

大地――「好きじゃないけど、やっぱりなくなったら困るよね。もしカラ梅雨だったら、いっぺんで水不足になっちゃうもんね」

陽一――「そうだな。水不足になると、梅雨さまさま、になるかもね」

日本に豊富な〝降水〟をもたらしてくれるものに、もう一つ、台風もあります。台風は、熱帯にできる低気圧で、たくさんの水蒸気がエネルギーとなって発達します。そしてちょうど夏本番のころから秋にかけて、まるで日本をめがけて、カーブしてくるかのように、太平洋の水蒸気をたっぷりと含んだ台風が日本にやってきます。

といっても台風は、別に日本をめがけているわけではなく、夏場にできる太平洋高気圧のまわりをまわって移動してくるのです。それで自然に日本に向かってしまうわけです。台風自身も、たくさんの雨をもたらしますが、まだはるか南海上にあるときでも、日本に湿った暖かい空気を送り込んできます。これが大雨の原因となることもあるのです。

❖日本海の大雪の謎

さて冬には、シベリアからくる風が、暖かい日本海で水蒸気をたっぷり含んだ結果、日本海側に大量の雪を降らせます。シベリア大陸には、冬、放射冷却で強烈に冷やされた冷たい空気がたまります。この冷たい空気はとても密度が高いので、まわりに流れだしてしまいます。こうして日本に向けて風が吹くのですが、この風は、右に述べたように、日本海の暖かい海水上で水蒸気の補給を受けます。

冬の寒い朝、息を吐くと白くなりますね。これは暖かい息の中の水蒸気が、冷やされて、小さな小さな水滴となったためです。冬の日本海でも同じで、水蒸気を含んだ暖かい空気が冷やされて、白くなります。冬の寒いときに、気象衛星「ひまわり」の映像でよく見る「寒気の吹き出しにともなうスジ状の雲」というものです。今度、テレビでスジ状の雲を見たときには、白い息を思い出してください。

このように、もともと冷たかった空気が、日本海の海上で温められ、水蒸気を補給した後、日本に吹き寄せます。この風が、日本列島（山脈）にぶつかって、大雪を降らせるのです。

雪は、日常生活の妨げとなって厄介な面もありますが、春以降、徐々に解けて、雪解け水をもたらしてくれます。日本は山が多い地形なので、集中的に雨が降ると、せっかく降った水がまたたく間に海まで流れ出てしまいます。ですから徐々に水をもたらしてくれる雪のほうが、自然のダムの働きをしてくれてありがたいわけです。

このように、日本の降水は、独特の気象条件によって支えられています。しかし、この気象条件も、わずかに変化しただけで、降水量はアッという間に少なくなる可能性があります。前に述べたように、一人あたりでみると、日本の降水量は世界平均を下まわっているのですから。

水不足の問題は真剣に考えておく必要があります。

❖水不足の危機を前に

大地――「そうか。お父さん、ぼく、反省して、これからは、歯磨きするときの水の出しっぱなしはやめるよ」

陽一――「えぇッ！　出しっぱなしにしてたのかい？」

大地――「い、いちおうは止めているよ、ぼくだって。でも……。本当に必要なときにだけ、流していたっていうわけでもなかったなぁと思って……」

陽一――「まぁ歯磨きも習慣だから、いつものことだしね、別に何も考えずに磨いているよな。でも、無駄づかいしないような習慣を身につけないといけないな」

大地――「なんか、トイレの水を流すのがもったいなくなってきた」

陽一――「世界でも、水道の水が安心して飲める国は少ないんだ。日本の水道は、そういう意味ではとても優秀なんだ」

大地――「それをトイレで使っているんだね」

最近では、雨水をためて確保した水や、一度使用した水をろ過後殺菌処理した水を、トイレなどで使用する施設も作られるようになりました。

水道水を「上水」、使用後の水を「下水」と呼ぶのに対して、こうした水は「中水」と呼ばれます。これから水不足が深刻な問題になるに従い、水の利用の仕方も変わってくる必要があると思います。

ところで、ヒートアイランド現象の影響もあって、夏場における都市部での集中豪雨と、それによる都市部での洪水災害が、たびたび起こるようになってきました。都市部における雨水を、いかに早く処理して海に流すかが問題とされています。

とはいえ、深刻な水不足の危機を前にして、なんとももったいない話だと思いませんか。何かよい処理方法があるはずです。

水不足の深刻な国においては、処理水を上水とする試みもあります。下水を処理した水が、水道から出てくることになります。事態はそこまで深刻なのです。

コラム7　日本は水の輸入大国

比較的「水が豊富」な国だと考えられている日本が、じつは「水の輸入大国」ともいえるのです。水の輸入というとミネラルウォーターを思い浮かべるかもしれませんが、それだけではありません。

大量に輸入している穀物があります。穀物の生産には大量の水が必要です。穀倉地帯に降った水は、穀物生産に使用されます。そして日本はその穀物を輸入しています。ということは、穀物輸入は、水の輸入でもあるのです。

もちろん、食肉の輸入についても同様のことがいえます。牛や豚を育てるためには、牧草や穀類を必要とします。そのためには、当然水が必要です。わたしたちが、日常食べている食べ物の中には、遠い国の貴重な水が含まれていることになります。

❖地球を襲う食糧不足

次に食糧不足について、考えてみましょう。

現在の世界の人口は約六三億人ですが、ますます、増加の一途をたどっています。現在でも、深刻な食糧不足に悩まされている国は多く存在していますが、今後、さらに深刻な食糧不足が予想されています。

現在、世界で生産されている食糧では、まかないきれない人口増加が予想されています。食糧増産には限界があるのと同時に、現在の食糧生産自体も、地球温暖化の影響で維持できない可能性があります。

地球は、乾季と雨季のある熱帯地方、乾燥した亜熱帯地方、四季のある温帯地方、亜寒帯地方、寒帯地方、極地方と、緯度によって、まったく気温や季節が異なります。その中でも「穀倉地帯」といわれる地域は、雨が豊富で、穀物栽培に適した地方であり、世界中のかなりの割合の穀物を生産しています。

しかし、現在の穀倉地帯も、はじめから豊富に作物を作ることができたわけではありません。何を生産するかにもよりますが、まず、作物の生育に適した豊かな土地が必要なのです。

もちろん土地を改良したり、肥料を使用するのも大事なのでしょうが、作物の生育にあわない土地では、じゅうぶんな収穫は期待できないでしょう。

❖ 穀物ができる諸条件

次に「水」です。作物の栽培に利用できる水は、自然由来のものとしては、降雨、河川、湖、地下水……などがあります。これに人工的に手を加えた施設としては、用水路や溜池《ためいけ》などもありますが、基本的には、水不足の土地ではじゅうぶんな作物の収穫はむずかしくなります。

もちろんこれは降雨と関連しますが、気象条件も重要です。意外かもしれませんが、熱帯などは、気温が高すぎることや、雨が集中的に降るためにその水の利用がむずかしいことなどから、ジャングルでイメージされるほどは、植物の生育に適した環境とはいえないのです。

一方、亜熱帯は、下降気流によって晴れやすく、雨の少ない土地となります。世界中の砂漠がこのあたりに集中していることは、これと同じ理由によります。逆に、北極や南極が作物の生育に適していないのは、おわかりいただけると思います。

結局、穀物生産に適しているのは、適度な気温と降雨の期待できる温帯地方の平野部だということになります。このような土地でも、実際に穀物を生産するためには、用水路の整備などさまざまな施設の充実が必要です。

また、その土地に適した栽培方法も重要です。寒いところでは、作物が霜などでやられてしまわないような工夫が要りますし、暑いところでは、日照りなどに対するじゅうぶんな対策が必要です。また、病害虫などについても、その土地に多いものに対して、じゅうぶんな対策をとることが不可欠です。

人間は、長い時間をかけて、現在、穀倉地帯と呼ばれているところを、その土地の地質や気象条件に合わせて育ててきました。こうしてようやく作物を作り出しています。自然の状態の土地から、豊富な作物が生産できるようになるまでは、長い年月がかかるのです。

さて、そこで地球温暖化です。地球温暖化で気温が上昇すると、長い年月かけて作物を生産できるように育ててきた土地が、作物を育てるのに適さなくなってしまう可能性があります。また、気候変動によって。作物生産に不可欠な雨も、降らなくなるかもしれません。つまり、今、豊富な作物を作り出している土地で、今までのように作物が収穫できなくなるのです。

❖温度変化のスピードが問題

大地――「食べ物が作れなくなっちゃ大変だね」

陽一――「今でも、世界中では飢餓《きが》に苦しんでいる人が多いのに、ますます食糧不足になってしまうかもしれないしな」

大地――「他の土地では、やっぱり食糧って作れないのかなあ？」

陽一――「今まで寒かったところでも、気象の変化によって、反対に作物に適した条件になるところがあってもいいと思うけどね」

たしかに地球温暖化によって、今まであまり作物の生育に適していなかった土地が、適するようになる可能性はあります。しかし、地球温暖化については、その温度の上昇よりも、むしろ温度変化の〝速さ〟が問題なのです。

地球温暖化によって気温が上昇すると、作物の生育には、その温度変化の速さゆえ、すぐに影響が出るものと考えられます。ところが、新しい土地で作物を生産するには、前に述べましたように、長い時間がかかるのです。スグにはできないのです。

つまり、温暖化によって作物の生育が悪くなったとしても、温度変化が徐々に進行するものであれば、今度は別の生育に適した土地で繁殖することができます。しかし、あまりに急激な変化では、新しい土地で作物が作れないうちに、従来の土地で作物ができなくなってしまうでしょう。深刻な食糧不足の到来です。

日本人の食べている食物のうち、なんと四〇パーセントが輸入にたよっているのです（カロリー換算）。日本人にとっても、食糧不足問題は、すぐそこまで迫っているのです。

大地――「今からはもう、本当に食べ物を大切にしなくちゃいけないね」

陽一――「たとえ食糧不足にならないとしても、食べ物は大切にしなきゃいけないんだけどな」

大地――「そういえば、おじいちゃんが食べ物を残すなって、よく言ってたね」

陽一――「お父さんも、小さい頃、そう言われて育ったんだけど、食べ物に困らない生活が長く続いたせいで、食べ物をおろそかにしてきたかもしれないな」

大地――「それにしても、食べられなくなるのは困るな」

陽一――「暑さに強い作物も研究されているんだろうけどね」

地球温暖化だけが理由ではありませんが、作物の品種改良も進められています。当然、暑さに強く、少ない水でも繁殖する作物もその目標の一つです。たとえば、食べておいしい作物と、暑さに強い作物をかけあわせて、おいしくて暑さに強い作物を作ります。しかし、暑さに弱く、おいしくない作物ができてしまう可能性もあります。

また、このような品種改良には、まず、親の作物を生育させ、かけあわせてできた種を植え、成長させて種をとり育てる、といった手順をとらなければなりません。さらに、目的とする性質になるまで、これを何度も繰り返さなければならないので、長い年月がかかります。

最近、遺伝子組換え植物が話題になっています。これは、通常のかけあわせで、新しい品種を作るのでなく、その植物の性質を決めている遺伝子そのものを操作します。

先ほどの例でいえば、おいしい作物に、暑さに強い作物の遺伝子の一部を入れて、生育させます。暑さに強い作物に共通している遺伝子を見つけておけば、目指す作物が作られる可能性が高くなります。また、品種改良に必要となる時間も短くなります。

ただ、このような操作によって、有害な物質ができるのではないかと不安が広がっています。「遺伝子組換え原料を使用していません」というのが、キャッチフレーズになっているようです。もちろん、安全性の確立していない食物が、わたしたちの知らない間にどんどん食卓に上ってしまう状況には、断固反対しなければなりません。

しかし、遺伝子組換えというだけで、すべて拒絶する態度も正しいこととはいえないでしょう。どのようにして作られたものか、その安全性についてはどうか、それによって世界的な食料不足対策にどれだけメリットがあるのか、冷静に判断しなければならないでしょう。

❖海面上昇が一国を沈める

さて、温暖化による「海面上昇」も大きな問題です。温暖化で気温が上昇すれば、氷が溶けます。誤解してはいけませんが、海水上に浮かんだ氷が溶けても、海面は上昇しません。これは、コップに氷を入れて水をいっぱいにはって、氷が溶けるまで観察すれば、わかることですね。

しかし、大陸上の氷が溶けると海水面は上昇します。大陸上にも南極や、山岳地帯の氷河として、大量の水がねむっています。実際に、近年ヨーロッパ・アルプスの氷河が小さくなっていることが報告されています。

また一般に、物質は暖められると膨張《ぼうちょう》します。海水も同じなのです。海水温度が上昇することで、海水が膨張する影響も大きいといわれています。水は温まりにくく、さめにくいので、海水温度の上昇には時間がかかりますが、一度温度が上がってしまうと、なかなかもとに戻らない、ということになります。

ＩＰＣＣでは、二一〇〇年には、一九九〇年に比べ、九〜八八センチメートルも海水面が上昇すると予測しています。日本においても、埋立地をはじめとして、海抜０メートル以下となる面積は、二〇〇〇平方キロほどあると計算されています。

これは国土の〇・三パーセント程度ですが、この地域には、日本の人口の約三パーセント、四〇〇万人以上が居住していると考えられています。高くなった海水面よりも、さらに自分のいる土地を高くするのにも、また堤防などで海水の流入を防ぐのにも、莫大な経費がかかります。しかも、最終的な海面上昇がわからないので、どこまで対策をとればいいのかもわからない、ということになります。

さらに、海抜一～三メートルというは、南太平洋の美しい島々にとっては、国全体が海に沈んでしまう高さです。南太平洋に浮かぶ島国・ツバル国は、その海抜が国土平均で一・五メートルに過ぎません。

もし海面の上昇が進めば、文字通り、国の存在そのものが危機的状況になりかねません。ツバル国は、「地球温暖化は、先進諸国によるジェノサイド（大量虐殺）である」というような衝撃的な警告を発しています。

大地――「低い土地に住んでいる人は大変だね」

陽一――「自分たちでどうにかできる問題じゃないからね」

大地――「もっと高いところに移ってもらうしかないのかな」

陽一――「高いところといっても、人間が住みやすい土地なんて、そんなに都合よく準備できないと思うな」

コラム8　南極の氷は溶けるか

大陸上の最大の氷は南極にあります。南極の氷が溶ければ、大量の水が海に溶け出します。その影響は、非常に大きいと考えられてきました。

地球温暖化になると、南極の氷は溶けるのでしょうか？　たしかに、地球全体の温度が上昇するので、南極の氷は溶ける可能性があります。特に南極の淵に存在している氷は、溶け崩れる可能性があります。

しかし一方、南極の水蒸気の量は、もともと非常に少なく、そのため降雪量は非常に少ない状態でした。ところが温暖化で、南極の水蒸気の量が増加するようなことがあると、降雪量がふえてきて、南極の氷の量もふえてくる可能性があります。

正確な予想はむずかしいようですが、現在の予想では、意外ですが、温暖化によって、南極の氷の全体量はふえるのではないかと予想されています。今まで、海面上昇の張本人のようにいわれていた南極は、むしろ海面上昇を抑える働きをしてくれるかもしれません。

❖感染症が増加する

最後に、温暖化による感染症の増加も心配されています。

温暖化による「感染症の流行」がどんな影響を受けるかについては、一般的な気象現象よりも、さらに予想がむずかしい面があります。

たとえば、なぜ、カゼが冬に流行するのかは、明確に説明できません。冬の気候がカゼのウイルスの増殖に適している、という面はありますが、実際に人から人へ感染するときは、室内のほうが多いのではないでしょうか。

そうすると、単に冬の気候だからでなく、人々がどんな条件の室内で暮らしているのか、ということに大きな要因があるのかもしれません。また、人口の密集度によっても流行の状態は変わってくるはずです。

このように、気候条件が変化したときに、それと関連して変化する環境において、それが感染症の拡大にどんな影響を及ぼすのか、なかなか正確な予想はできません。

このように感染症については、気温、湿度、媒介《ばいかい》する昆虫、生活している人々の衛生状態など、さまざまな要因が考えられるため、予想はむずかしい面がありますが、夏場に流行する感染症が一年中流行が続いたり、熱帯地方の感染症が蔓延《まんえん》したりする可能性は否定できません。

心配されているものの一つがマラリアです。現在では、マラリアは熱帯地方の病気とされていますが、温暖化によって、東京も亜熱帯地方の気象に近くなる可能性があります。ウイルスが増殖する条件が整った上に、飛行機による移動の増加で、熱帯地方のウイルスが入り込みやすくなっています。

実際に、米国などで熱帯のウイルス病が一定の流行をみたことが報道されました。飛行機内に蚊などが入り込み、移動してきた可能性があります。最近、ＳＡＲＳの影響があって、日本においても、空港における検疫体制が強化されました。もう、他人事とはいっていられないでしょう。

第 3 章

江木野家の温暖化対策
——できることからはじめよう！

❖じゃあ温暖化対策は？

大地――「温暖化がなぜ起こるのか？　それが今どうなっているのか？　そしてこれからどうなっていくのか？　前に比べて、こういうことが、ずいぶんわかってきたような気がするね」

陽一――「そうだな。今まで、なんとなく感じていたことが、少し整理されてきたと思うな」

大地――「ぼくたちの生活では、いろいろと便利になるかわりに、二酸化炭素がふえているっていうことだよね」

陽一――「そうしてふえてきた二酸化炭素によって、地球の温度がどんどん上昇していることがわかったわけだ」

大地――「どうしても、便利か、不便か、どちらなのかを気にするんだけど、そのどちらかを選んだら、どうなっていくのかは考えてなかったなあ」

これまで、地球温暖化のメカニズム、温暖化の現状、今後の予測について、いろいろと見てきました。「このままではいけない」ということを、少しでも感じていただけたでしょうか。

問題は、このままではいけないけど、何をしたらいいのかわからない、ということではないでしょうか。ここからしばらくは、今、地球温暖化対策として、どのような取り組みがなされているかを少し見てみたいと思います。

❖クリーンエネルギーはあるのか

陽一――「ここまで調べて、ハイ終わりってのはよくないから、とりあえず、なんかしないといけないよなぁ」

大地――「でも、何をしたらいいんだろう?」

陽一――「よくあちこちで『地球温暖化防止のために』とかいって、いろんなキャンペーンをしているみたいだから、それがどんなものなのか調べてみようか?」

大地――「温暖化にストップをかけるために、やっていることだよね」

陽一――「温暖化をストップさせるっていっても、結局、二酸化炭素がふえ続けることが問題なんだよな。だから、もし二酸化炭素を出さないようなエネルギーがあればいいわけだよ」

大地――「そんなことができるの?」

これまで、エネルギーを得るために、石油や石炭などの化石燃料を使うと二酸化炭素がでてくると説明してきました。もちろん、二酸化炭素を出さない、あるいは、出す量が少ないエネルギー源もあります。

二酸化炭素を出さないエネルギー源として、太陽光発電、水力発電、風・波力発電、地熱発電、原子力などがあります。これらはクリーンエネルギーと呼ばれています。では次から順番に、その状況について簡単に見てみましょう。

❖太陽光発電

太陽光発電は、クリーンエネルギーの代表格として、いろいろなところで取りあげられています。太陽光発電というのは、日常降り注いでいる太陽エネルギーを、電力に変えてそのまま利用するものです。ソーラーなどと呼ばれていますが、太陽光で発電する腕時計や電卓など、消費電力の小さいものに関しては、もう身近なところでどんどん利用されています。

現在、太陽電池で走る自動車が研究されています。太陽の光だけでどれだけ走行できるか、それを競うための国際的なレースも行なわれています。多くの人がそれにチャレンジするためか、年々その性能は着実にアップしています。

また、一般家庭の屋根の上に太陽光発電装置を設置し、発電した電力を家庭で利用するとともに、余った電力を電力会社に買い取ってもらうシステムもあります。国からの援助もあり、徐々に広がりつつあるようです。

太陽光発電は、いわゆるクリーンエネルギーであり、まだまだ技術的な改良の余地があるのですが、今後ますます研究・開発され、普及していくものと思われます。

たとえば夏場、昼間のカンカン照りの日差しを屋根に浴びていながら、そのエネルギーを利用せずに、一所懸命、従来の電気を使って冷房しているような現状は、やはり問題だと思います。

ただし、改善が進んでいるといっても、現在のところ、まだまだ高コストです。コストが高いということは、設備の開発・設置に多くのエネルギーが必要になってしまうということの裏返しでもあります。

太陽光発電は、基本的に昼間しか発電はできませんし、地上に設置するという前提で考えた場合、曇りや雨の時は利用できなくなるといった問題もあります。であるなら、雲の上に作ってしまえとばかり、将来的に宇宙空間に大規模な太陽電池を置き、何らかの方法で地上にエネルギーを送ろう、という構想もあります。

しかし、地球全体の消費エネルギーに匹敵するような大規模な太陽電池を宇宙空間に敷設《ふせつ》した場合、新たな環境への影響が生じないかどうか、じゅうぶんな検討が必要になるでしょう。いずれにしても、有望なエネルギー源ではありますが、これで一挙に問題解決とは、今のところいえないような状況です。

大地――「太陽の光で発電すれば『クリーンエネルギーだから問題解決』ってわけにはいかないんだね」

陽一――「ははは。そんなに簡単に解決するんだったら、みんな苦労しないよ。だけど、身近なところから、できるところから、一つひとつ試みていく精神が大事だし、その努力がいつか実を結ぶのさ」

大地――「お父さんもたまには良いこと言うんだね」

陽一――「おいおい、いつも言ってるじゃないか」

❖水力発電

従来から使われてきた発電方法の一つに「水力発電」があります。水力発電が生み出すエネルギーは、どこからきているのでしょうか。水力発電は、川の水をせき止め、その水が落下する力を利用して発電しています。

落下してきた水は水車状のタービンを回転させます。この回転を発電装置に伝えて発電します。発電装置は、ライトを光らせるために自転車についている発電装置と同じ原理のものです。

発電させているエネルギーは、もともと太陽エネルギーによって生み出されるものです。地球上の水が太陽からの熱で蒸発し、上空で雲となり、やがて雨となって地上に降り注ぎます。そのとき、高いところに降った雨は、低いところに流れ落ちようとします。

この力を「位置エネルギー」といいますが、水を高いところに持ち上げてくれたのは太陽なので、水力発電ももともとは太陽エネルギーによってもたらされた発電といえます。その意味では、発電自体は、クリーンエネルギーと呼んでもいいかもしれません。

ただし、水力発電の問題は、ダムを作る必要があるということです。水力発電稼動中の必要エネルギーは少ないとしても、ダムを作るためには、莫大なエネルギーを必要とします。

ですから、一つのダムが完成し、発電を続け、やがて寿命を終えるそのときまで、すべてを含んだエネルギー消費量と環境への影響を考える必要があるでしょう。ダムというのは、ふつう水の利用のためや、発電のため、あるいは水害防止のために作られますが、ダムによる環境破壊が問題となっているのはご承知のとおりです。

ダムというのは、一度作ってしまうと、撤去する場合に、作るとき以上のエネルギーを必要とすることが考えられます。まして、もとの環境に戻すというのは、不可能に近いことではないでしょうか。

ダム（計画）をすべてやめるべきだとは思いませんが、まずダムありきでなく、ダムの必要性について、じゅうぶん検討しておいて、いろいろな利用法を考える必要があるのではないでしょうか。どんなに必要なものであっても、メリットとデメリットを公平に見比べて選択していく姿勢が求められてくるからです。

またこれらの反省もあって、従来のような大型の水力発電ではなくて、小規模な水力発電ができないか、新たな開発も検討されています。

「必要なものを、必要なだけ作る。しかもやがて撤去して、元に戻す日がくることも、じゅうぶん考えた上で」

という考え方は、これから大事なキーワードとなるのではないでしょうか。

陽一――「いろんなエネルギーがあるようだけど、いろいろ問題もあるんだなぁ」

大地――「それにしても、ほとんど太陽エネルギーのおかげなんだね」

陽一――「それだけ『太陽は偉大だ』ということなんだろうな」

大地――「わが家と一緒だね？」

みどり――「ええ？　なんか言った？」

❖風力発電・波力発電

クリーンエネルギーとしては、風や波の力を利用する風力発電や波力発電などもあります。風や波の力を利用するので、たしかにクリーンエネルギーです。ヨーロッパなどでたくさんの風車がまわっている姿は、みなさん思い起こされると思いますが、まさにあれこそエコロジーを象徴する風景ですね。

東京でもこの三月、臨海副都心に巨大な風車が設置されました。羽根車の直径がなんと五二メートルもある風車が二台もできました。もちろん、発電が目的の巨大風車です。生み出された電力は、当面は東京電力に売却されるそうですが、じつは発電による採算性は度外視しているといわれます。しかしそれ以上に、巨大風車を見た人に、環境問題について考えてほしい、という願いが込められているのではないでしょうか。

風力・波力発電における問題は、安定的にエネルギーを得ることができるかどうかという点です。その意味では、まだまだ試験段階といったところでしょう。

発電設備についても、設備を作るために必要なエネルギーとか耐用年数とかの問題もあります。水力発電と同様に、その設備が生まれたときから、稼動し、やがて寿命がつきて撤去するまでのライフサイクル全体における「消費エネルギー」を評価・検討しなければなりません。

その点で風力発電、波力発電ともに小規模の設備で稼働できるので、設置・撤去に要するエネルギーが少ないというメリットがあります。

風が吹くと風ぐるまが回転して
エネルギーを作るんだね

また、今まで風力発電設備については、法律で設置できる地域が制限されていましたが、かなり緩和されてきています。これから身近なところでも見ることができるようになるでしょう。

ところで、一見、風や波は太陽のエネルギーとは関係がなさそうです。ところが実際はこれらのエネルギーも、太陽エネルギーによってもたらされるものなのです。

というのも、太陽から地球にエネルギーが降り注いでいますが、当然、真上から光のあたる赤道付近が多くのエネルギーを受け、北極や南極は受け取るエネルギーが少なくなります。しかし温度は、そのエネルギーの差ほどは多くありません。それは、地球が受け取ったエネルギーが地球全体に広がっているからです。

この熱エネルギーが、地球全体に広がろうとするときに生じる力が、気象現象を生み出している力です。その力をを利用している点で、風力発電・波力発電も太陽のエネルギーがもとになっているのだといえるでしょう。

❖バイオマス

最近期待されているものに「バイオマス」があります。今まで捨てていた枯れ木、家畜の排《はい》泄《せつ》物《ぶつ》、生ゴミなど、生物由来の廃棄物（生物から出るものや、生物が変容したもの）を材料として、燃焼したり、または、微生物などを使って発酵させたりすることによってエネルギーを取り出すことを指します。

燃焼してしまえば、当然、二酸化炭素がでてくるので、あまり意味がないように思えますね。でも少し違うのです。ではわかりやすく説明します。

生物の体を作っているものに炭素があり、これは空気中の二酸化炭素がもとになっています。食物連鎖という言葉がありますね。肉食動物は他の動物を食べます。食べられる動物の中には草食動物がいます。草食動物は植物を食べています。では植物は何を食べて体を作るのかというと、前に述べましたが、植物の体は、空気中の二酸化炭素を光合成によって炭水化物と呼ばれる形にして、それを体の中に取り込んでいます。

元をたどると植物に戻るわけです。つまり二酸化炭素は炭水化物へと形を変えますが、もともとこれが生物の体を作っているのです。

ということは、光合成のエネルギー源は、太陽からの光です。またまた、太陽がでてきました。本当に太陽は偉大なエネルギー源だということができます。

で、先ほどの話の続きです。生物の体の炭素は、空気中の二酸化炭素がもとになっているので、たとえ燃焼させても、〝空気中の二酸化炭素がサイクル（循環）している状態〟だと考えることができますね。

しかし一方、太古の昔に空気中の二酸化炭素が固定されて、地中にねむっていた格好の石油や石炭を燃焼させると、やはり二酸化炭素を出すのですが、これは空気中の二酸化炭素をサイクルさせることではなく、太古の二酸化炭素ばかりだった頃の地球に戻す作業になるわけですね。

ですから、化石燃料を燃やして二酸化炭素を放出するのに比べれば、バイオマスで出る二酸化炭素の影響は、より小さいだろうと考えられます。

これまで人類は、大規模な設備でどんどんエネルギーを作り出していました。たしかに、たくさん作るという前提においては、小規模な設備よりも効率がよかったのでしょう。しかし、エネルギーがたくさんあるからといって無駄づかいしたり、いざ取り壊すときになって、大変なエネルギーを必要とすることになってしまいました。

これからは、小規模な設備で、必要なだけ、高効率にエネルギーを作り、利用していく必要があるでしょう。まさに、生物のもつ本来の生きる姿を追い求めているかのようです。あらためて、生物の偉大さが思い知らされますね。

❖ 地熱発電・原子力発電

その他のエネルギーとして「地熱発電」と「原子力」があります。ようやく、太陽エネルギーと関係しないエネルギーがでてきました。具体的には地中にある高温の水蒸気を取り出し、風車のようなタービンに噴きつけ、その回転力で発電させるものです。地熱発電は、地球の内

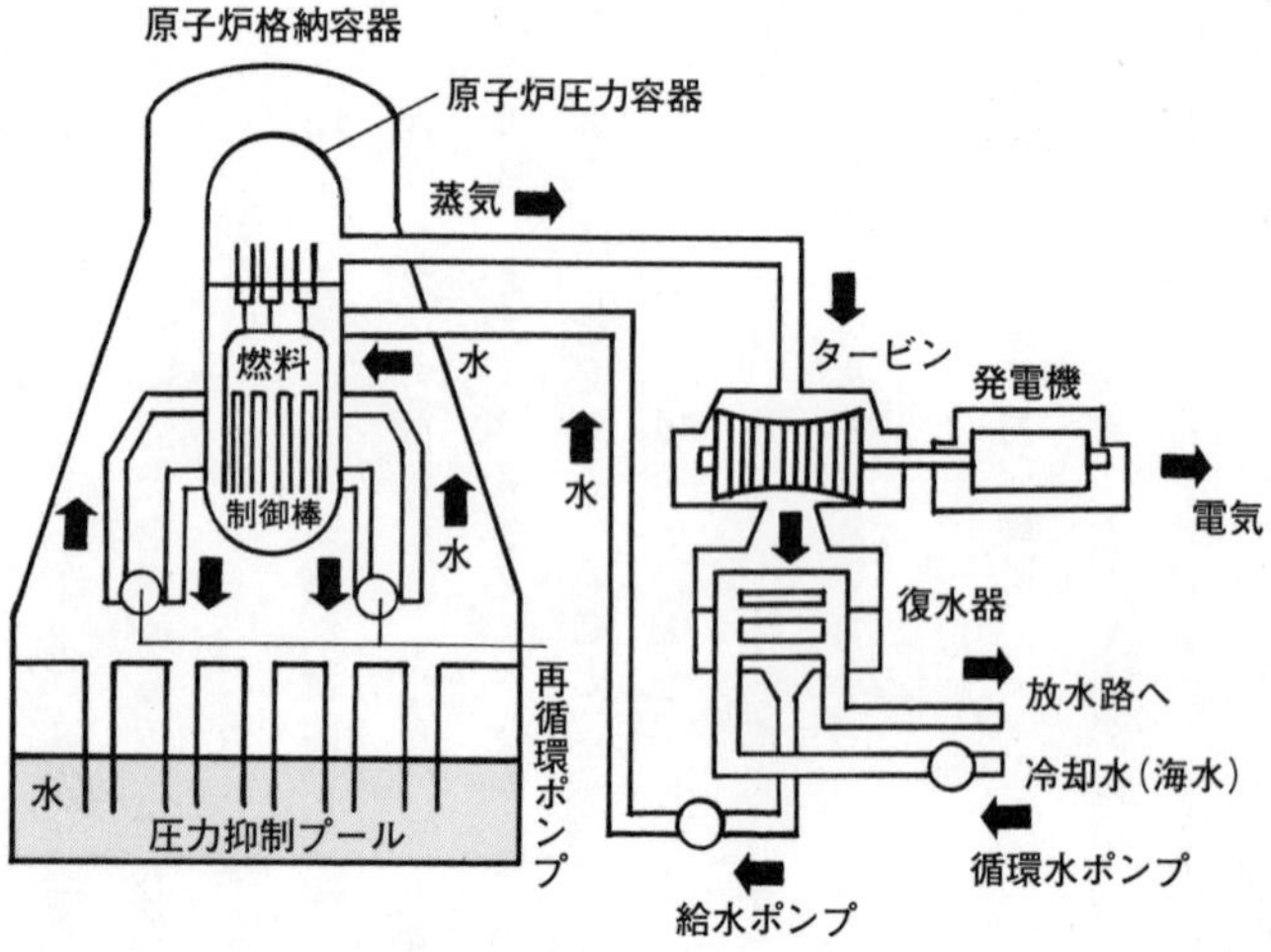

図3-2　原子力発電のしくみ

部の熱を利用するものですが、今のところ大規模なものはむずかしいようです。

原子力発電はどうでしょうか。通常、原子力といわれるのは、ウランやプルトニウムといった放射性物質（の原子）が崩壊するときに発生するエネルギーを利用しようとするものです。原子力発電も水を加熱してできた高圧の水蒸気をタービンに噴きつけ、回転させて発電します。

しかし、原子爆弾のイメージが強く、また原子力発電にともなう放射能漏れなどの危険で痛ましい事故が起こっているため、どうしても悪いイメージがつきまとっていますね。

原子力発電は、太陽エネルギーとは関係しませんし、二酸化炭素排出の面でも有利です。問題は、安全に運用できるかどうか、です。

国内でも、安全性確保の問題に疑問が生じ、原子力発電の運転が一時停止されました。チェルノブイリの例をとるまでもなく、いったん事故が起きれば取り返しのつかないことになります。原子力発電の安全性確保は、発電所の地域住民だけの問題ではありません。どのように安全を確保していくのか、それをどのように監視していくのか、じゅうぶんな議論が必要でしょう。ただし、原子力にアレルギーをもち、過剰反応して、原子力がすべてだめだと決めつけるのではなく、メリットとデメリットを客観的に評価・検討する必要があると思います。

❖ 核融合

さらに、「核融合」も期待されているエネルギー源です。はじめて人類が大規模に利用した核融合反応は水爆です。ですから、どうしてもイメージ的に〝原子力の親戚〟のように思われがちです。

しかしじつは、わたしたちはほとんど毎日、核融合反応を見ています。太陽です。核融合とは、水素のような軽い原子核同士がくっついて融合し、ヘリウムなどの重い原子核に変わることをいいます。たとえば、水素の仲間である重水素（D）と三重水素（T）の原子核が融合するDT核融合反応では、ヘリウムと中性子ができることで有名です。

ただ、このような反応を引き起こすためには、強力なエネルギーを必要とするため、今のところ人類がコントロールできていない反応だということができます。

しかし一方、核融合反応の原料である重水素は、海水中に豊富に含まれています。また、核融合反応自体は放射能も二酸化炭素も排出しません。その意味では、とても期待されているエネルギーであることはまちがいありません。

核融合は、人類が今後ますますエネルギーを必要とするならば、将来的には活用していかなければならない、重要なエネルギー源でしょう。どうしても、原子力のイメージと混同されがちですが、偏見をもたずに評価・検討する必要があると思います。

このように見ていくと、エネルギーのかなりの部分を太陽に依存しているとともに、二酸化炭素と引き換えにエネルギーを得る状態は、まだ今後もしばらく続きそうです。

エネルギーを考える上で必要なのは、人類が使う莫大なエネルギーをまかなおうとすれば、どんなエネルギー源を選ぶとしても、大なり小なり、環境への影響が避けられないということです。ということは、エネルギーのクリーン度のいかんにかかわらず、使うエネルギーの総量を減らす努力が、まず必要だということを忘れてはならないと思います。

大地――「いくらクリーンエネルギーを選んだとしても、じゃんじゃん使っていたんじゃあ、やっぱりいけないんだよね」

陽一――「稼ぐに追いつく貧乏があった、といったところかな」

大地――「えっ？　どういうこと？」

❖ 貯金取り崩し型？　給料でまかない型？

もう一つ、エネルギーについて「貯金取り崩し型」と「給料でまかない型」という二つの考え方があります。地球は、サラリーマンが毎月給料をもらうように、太陽から毎日エネルギーをもらっています。そのもらっている範囲内で、エネルギーを利用するものを「給料まかない型」と呼びます。これに対して、過去にもらってためておいた貯金（エネルギー）を取り崩すものが「貯金取り崩し型」と呼びます。

化石燃料を使うことは、過去に蓄積された太陽エネルギーを使ってしまうことです。当然、やがて使い果たしてしまうときがきます。貯金を使っていればいつかなくなってしまうのは当然ですね。原子力も、そのシステムによって多少の違いはありますが、核燃料が有限であることを考えると、基本的には、貯金取り崩し型と考えていいでしょう。

ふつう、もらっている給料では足りずに、貯金を取り崩して生活するのは、あまりほめられたことではないですね。ましてや、もらっている給料（エネルギー）の無駄づかいをほうっておいて、貯金を使っているようでは、先が思いやられるはずです。
これに対して、太陽光発電、水力発電、風力・波力発電などは、給料まかない型と呼べるでしょう。同じく核融合も、給料まかない型といえるでしょう。

大地――「お父さん、わが家はもちろん給料まかない型だよね?」
陽一――「う〜ん、ときどき貯金取り崩し型かな〜」
大地――「それってエネルギーのこと? お金のこと?」
陽一――「あ、いやいや別に」
大地――「それにしてもエネルギーを手に入れるのって、大変なんだね」
陽一――「お金もね」
大地――「だから、それはもうわかったって!」
陽一――「だから、どちらも大切に使わなきゃね。省エネが大事なわけだ」
大地――「この頃、電気屋さんにいくと省エネ、省エネと書いてあるけど、省エネって電気代が安いということだと思ってたけど」
陽一――「たしかに電気代がいくらお得ですと書いてあるね。でも本来は、無駄なエネルギーを使わないようにしようっていうことだからね」

❖省エネルギーの取り組み

家電においても省エネの取り組みが進んでいます。冷蔵庫などは従来の消費電力の半分程度のものが開発されています。多機能を競っていた頃に比べると、非常によいことだと思います。消費者の側としては、消費エネルギーについては、単に「電気代の損得」というようなことではなく、環境への負荷という点でも、もっと関心をもつべきでしょう。もちろん結果として電気代もうきますが。たとえば、電球にしても、一見、通常の白熱電球のように見えるのに、実際は蛍光灯が入っているタイプがあります。値段は少々高くなりますが、寿命と消費電力の少なさから、現在、注目されています。

ただし、たとえば「つけたり、消したりする用途には向かない」など、それぞれの用途において「向き、不向き」があります。モノというのは、それぞれの特徴をよく理解して、賢《かしこ》く使わなければなりませんね。これを使いさえすれば、全てOK！　だなんてモノはないのです。

電車などの公共交通機関でも、省エネに取り組んでいます。自転車の明かりをつけるときに、ふつう発電装置（ダイナモ）が使用されますが、これと同じような装置を使って、電車にブレーキをかけることができます。

そうすると電車は、単にスピードが落ちるだけでなく、発電できることになります。このことを考えると、頻繁に「停車&発車」を繰り返す近距離用の電車の場合では、停車のたびに頻繁に発電できるので、これは有効な方法です。

電車に乗ったとき、よく探してみると、「従来の半分の電力で走っている」というように書いてある電車がありますね。

大地——「今まで、省エネっていうと、なんだか流行のような気がしてたけど、大事なことなんだね」

陽一——「身近なところで、どれだけのエネルギーが使われていて、どれだけのエネルギーが無駄になっているのか、もう一度、見直さなきゃいけないな」

大地——「トイレの電気をつけっぱなしにしたときや、冷房中や暖房中に部屋に出入りしたとき、しっかり戸をしめないと、よくお母さんに叱られるんだけど、よく考えると大事なことなんだね」

みどり——「やっと気がついたの?」

大地——「あ、なんだそこにいたの? いつから聞いてたの?」

みどり——「あなたたちが電気の無駄づかいをしているのを見てると、それがどれだけ無駄なのかとか、お金がいくらかかるからとかいうよりも、もったいなくてイヤなのよね」

陽一――「そういえば、『もったいない』って言葉は英語に訳せないらしいね」
大地――「どういうこと？」
みどり―「もったいないっていう考え方は、日本人の考え方だってことよ」
大地――「地球温暖化防止は、日本人の発想からはじめよう……なんて」
陽一――「本当にそうなったらいいと思うよ」

❖自動車での取り組み

省エネ対策ですが、自動車ではどうでしょうか。たとえば、一般のガソリン車においても、燃費は年々向上しています。最近、三リッターカーという言葉が聞かれるようになりました。以前は三リッターカーといえば、排気量三〇〇〇ｃｃの大型の車のことでしたが、最近の三リッターカーは、三リットルのガソリンで一〇〇キロメートル走ることのできる車のことです。つまり、ガソリン一リットルあたり三三・三キロメートル走ることができる車です。世がバブルで浮かれていた頃は、ガソリン一リットルあたり、五キロメートルも走らない車が、平気で町中を走りまわっていたのですから、それに比べたらすごく燃費がいいわけですね。

行政も、一定レベル以上の燃費のいい車や、超・低排出ガス車と認定された車に対して優遇税制を実施しています。これらも、地球温暖化に対する対策の一つといえるでしょう。

ハイブリッド車も作られるようになりました。ガソリンと、バッテリーに充電した電気の力で走る車です。これは、発進や加速時など、強い動力の必要なときはガソリン・エンジンで車を動かし、同じスピードで走行するときなどは、ガソリン・エンジンよりも消費エネルギーの少ない、バッテリーに蓄積された電気エネルギーで走る車です。

完全な電気自動車は、一度に走行できる距離が短い上、充電できる場所が限られているため、範囲の決められたところでの利用しかできません。しかしハイブリッド車ならば、ガソリン・スタンドでガソリンを補給すれば走り続けることができるので、今までの自動車と同じような使い方が可能になりました。

ガソリン・エネルギーと電気エネルギーを、それぞれが適したところで使うので、従来のガソリン車よりも、少ない消費エネルギーで走ることができるのです。つまり「燃費がいい」ということになるわけです。貴重なガソリンを節約することは、お金の面でも助かりますが、それだけ環境への悪影響も少ないということになるのです。

自動車メーカーのほうも、環境に対する影響を抑えるため、採算をある程度、度外視してでもこれの普及に努めているわけです。こういう動きは、これからますます広がってくると考えられます。

問題点としては、どれぐらいの寿命があるのか、メンテナンスはじゅうぶんできるのか、などがあげられていますが、これはある程度、時間がたてば、解決されていく問題だと思います。ただし、ハイブリッド車なら「問題が解決する」のではありません。考え方によっては、今までよりも「燃費のいいガソリン自動車」であるのに過ぎません。ハイブリッドだからいいのではなく、燃費の面、空気の汚染の面から、どれだけメリットがあるかを冷静に評価・検討しなければなりません。

❖燃料電池

自動車などの「未来の動力源」として「燃料電池」も研究されています。燃料電池は水素と空気中の酸素を反応させて、電気を取り出すものです。

水は、酸素と水素でできています。電気分解といって、電気の力で水を分解すると、酸素と水素に分けることができます。逆に、水素を燃やすと、酸素と結びついて、水ができます。このときに熱が出てきます。

燃料電池も、これとよく似た反応を利用していますが、水素を燃やすことで熱を出させるのではなく、反応させて電気を作りだすのです。

水素と酸素が結合してできるのは水ですから、燃料電池が排出するのは水だけということになります。このように、排出もクリーンであるということから、車のエンジンとしてだけでなく、いろいろなところで役立つエネルギーとして大きな期待が寄せられています。

この場合、酸素は空気中にありますが、燃料電池を動かすための水素をどうやって貯蔵するかが問題です。一つは、メタノールやガソリンのような燃料を積んで、車の中で水素を取り出す方法があります。つまり車は、ガソリン・スタンドのようなところで、ガソリンに似た水素の原料を車に積むことになります。車の中で化学反応を起こし、メタノールやガソリンから水素を取り出します。これを改質といいます。つまりこの方法では、燃料電池が発電する前に、水素を取り出す、という工程が必要であり、そのためのエネルギーが必要となります。またこの段階で、二酸化炭素が排出されることもあります。

もう一つは、工場などで水素を取り出し、液体状態か、特殊な金属に吸着させ、水素の形で車に積み込む方法があります。この方法でも、水素を作る段階で二酸化炭素を排出しますが、工場で工業的に生産するため、二酸化炭素の排出など、環境への影響をコントロールしやすい、ということはいえそうです。

実際に、車が燃料電池で走ることができるようになるためには、どちらの方法を選ぶとしても、車に水素が補給できる設備が必要です。もちろん、全国くまなく設備が必要となるでしょう。いずれにしても、一度決めた方式を変更するのは、なかなか容易なことではありません。今のうちに、環境に対する影響・コスト・必要な設備投資などについて、じゅうぶん検討してお

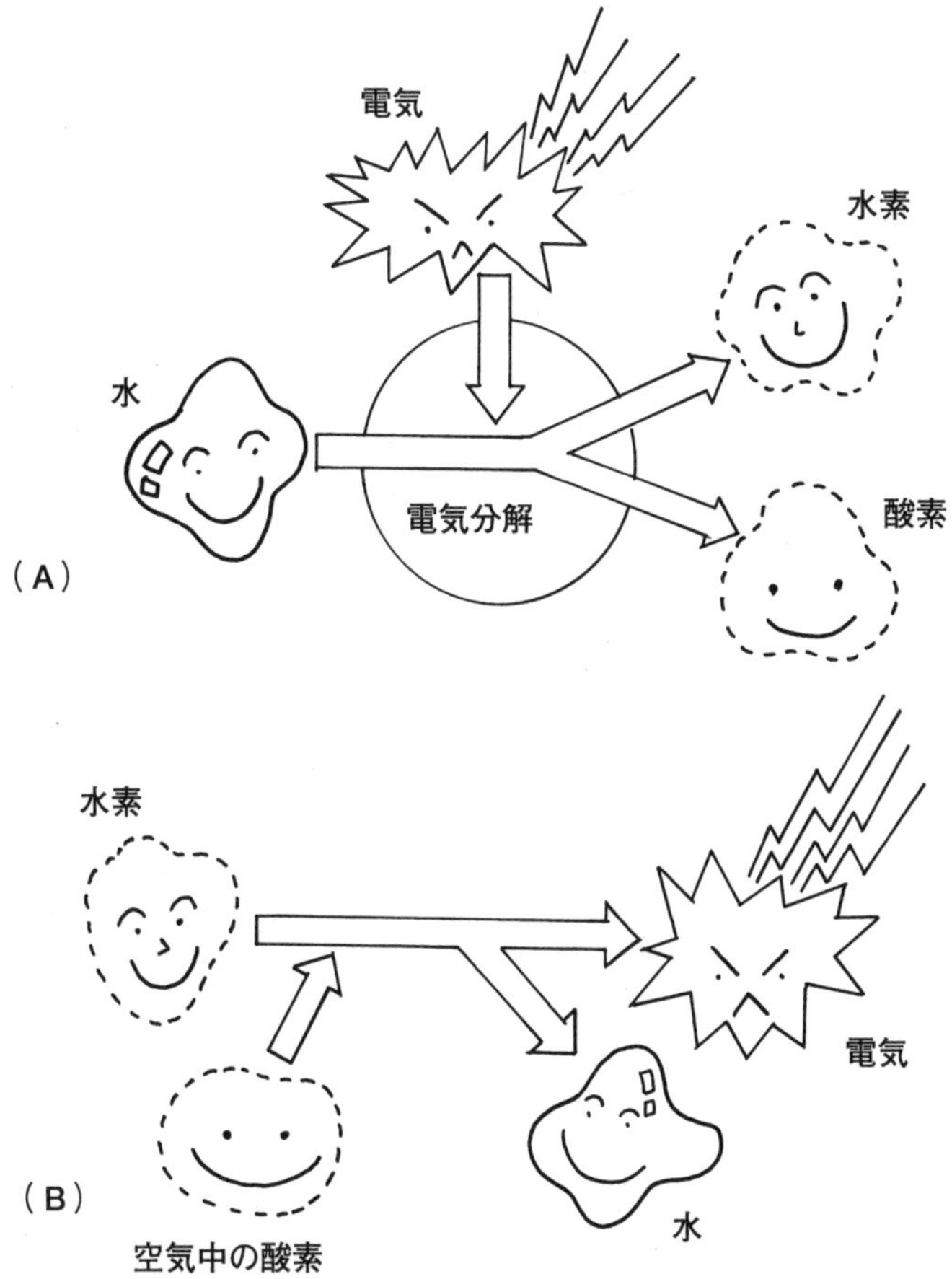

図3-3　燃料電池のしくみ

水を電気分解すると、水素と酸素ができます(A)。一方、水素を燃やすと、酸素と結びついて水ができます。このとき熱がでます。熱のかわりに電気を作るように反応させる(B)のが、燃料電池です。

く必要があるでしょう。

大地――「電気製品の省エネがどんどん進んでいるんだね。この調子でいくと、そのうち電気がいらなくなったりして」

陽一――「省エネは『無駄な部分を減らす』ということだからな。それには限度があるはずだよ」

みどり――「お父さんのお酒代なら、ゼロにできるのにね」

陽一――「ええ！　なんだか風当たりが強くなってきちゃったなあ」

大地――「その風で、風力発電でもしておけば」

陽一――「おいおい、ギャグじゃないんだから（笑）」

省エネルギーの取り組みも進んでいますが、たしかに限度があります。モノを冷やしたり、移動させたりするためには、物理的に計算される一定のエネルギーを必要とします。このエネルギー量については、減らすことはできません。

したがって、省エネというのは、その過程で生じる無駄な部分をどれだけ減らせるかなのです。ですから重要なのは使い方です。いくら省エネルギーの冷蔵庫を買っても、頻繁にドアを開けたのでは意味がありません。燃費のよい車を買っても、無駄に走りまわっていたのでは逆効果です。

❖二酸化炭素の捕獲作戦

大地――「でも、地球温暖化はイヤだけれど、かといって便利な生活も捨てがたいし……という人って、結構多いんじゃないかなあ？」

陽一――「なんだって？　そんなわがままな人間ばっかりじゃあ、社会は成り立たなくなるんじゃないのか？」

大地――「そういう人は身勝手だと言われればそうかもしれないけど、でも、実際にはそういう人が多いんじゃないかなあ？」

陽一――「そりゃあそうだけど、それを言い出したら、もう人類は滅ぶしかない」

大地――「じゃあ、ふえた二酸化炭素を集めればいいんじゃないの？」

陽一――「え？　そんな方法があるのか？……」

二酸化炭素の増加で地球温暖化が起こっているなら、二酸化炭素を回収してしまえばよい、と考えることができます。そして実際に、地球温暖化対策として、空気中の二酸化炭素を集める試みがなされています。そして、回収した二酸化炭素を、地中に埋める、あるいは海中に沈める、という方法が検討されています。

ふえすぎた二酸化炭素を減らす試みとして、これは注目すべきことです。特に、温暖化の影響を直接受ける地域にとっては、一刻も早く対応する必要があるので、即効性のある二酸化炭素の回収は朗報となるでしょう。そのために必要な技術とその結果の影響についてじゅうぶんな検討が待たれています。

しかし、二酸化炭素を地中や海中に埋めるという作業が、ゴミ（不要なもの）を見えないところに埋めてしまうというイメージがあるためか、環境保護団体などからは、あまり評判がよくないようです。ところが海水中に、あるいは石灰岩として、地球はすでに大量の二酸化炭素をもっています。温暖化防止の対策として、先入観をもたずに、メリットとデメリット、そして環境への影響を評価・検討しなければなりません。

むしろ問題なのは、二酸化炭素は回収するから放出してもかまわない、と考えてしまうことだと思います。エネルギーの使いすぎでふえた二酸化炭素を、さらにエネルギーを使って回収するということが、果たしていいことなのかどうか、もう一度問い直してみる必要があるのではないでしょうか。

二酸化炭素の問題は解決しても、別の形で破綻が訪れることがないともいえません。地球温暖化は、わたしたちの生活習慣が招いたものです。わたしたちの生活に必要なものは何かをもう一度、問い直す時期にきているのではないでしょうか。

長年にわたって作りあげられた生活習慣を変えるには、正しい知識が不可欠です。それは、糖尿病や高血圧などのいわゆる生活習慣病を克服するための対策と同じです。お互い、地球温暖化という生活習慣病克服のために、今できることを考えましょう。

❖他の温室効果ガスの削減

二酸化炭素以外の温室効果ガスとして、フロンをあげました。オゾン層を破壊することから特定フロンの使用は中止されましたが、特定フロンの代替として使用されている代替フロンにも温室効果があり、同じ重量あたりでみると、二酸化炭素の一〇〇〇倍程度の影響があるとされています。これらのガスも削減する必要があります。従来フロンを使用していた分野別にみてみます。

[エアゾールの噴射剤] フロンからLPGになりました。LPGは可燃性などの問題はありますが、温室効果は少ないとされています。また、そもそも噴射剤を使用しないポンプ式への移行も進んでいます。

【洗浄用途】電子部品の洗浄についても水を使うタイプがふえています。

【冷蔵庫、エアコンの冷媒】冷蔵庫やエアコンの中には、冷媒と呼ばれるガスが、液体と気体の状態で存在しています。現在は、代替フロンが使用されています。ですから、冷蔵庫やエアコンが廃棄される時には、それらを回収すると同時に、その中にある代替フロンも回収することとなっています。

また、二酸化炭素、炭化水素など、単位あたりの温室効果がより少ないものへの移行もはじまっています。ノンフロンタイプと呼ばれるものです。フロンや代替フロンに比べると、冷媒としての性能があまりよくない、可燃性がある、など、さまざまな問題はありますが、より環境に対する影響の少ないものが採用されるようになっています。

ところで、ここにあげた、代替フロンの規制については、二つの立場があります。他の温室効果ガスも含めて総合的に温室効果ガスを削減しようとする立場、二酸化炭素の削減を優先する立場、の二つです。総合的に対策するほうがよさそうに思えます。しかし、先進国では、二酸化炭素や代替フロンなどをすでに大量に使用しているので、総合的に削減すればよいということになると、代替フロンを削減するだけでかなり削減することができます。

一方、途上国においては、そもそも代替フロンを使用していないので、よりむずかしい二酸化炭素削減に取り組まなければなりません。当然、不公平であるとの声があます。先進国においても、まず、二酸化炭素の削減に取り組むとともに、途上国の温室効果ガス削減に積極的に協力していくことが必要でしょう。

❖国際協力の重要性

大地――「日本だけで取り組んでも、地球全体の温暖化は防げないんじゃないの?」

陽一――「いきなりするどいところをついてきたな。たしかにそのとおりだな。いろんな国が協力しないと成功しないと思うよ。たしか、いろんな国の人が集まって国際会議をしていたと思う。京都だったなあ」

大地――「地球温暖化っていうのは、結局、温暖化したのも世界中の人だし、その影響を受けるのも世界中の人、というわけだよね」

陽一――「だけど、より多く温暖化の原因を作った人がいる一方で、より多く影響を受ける人がいるのも事実だよ」

地球温暖化防止には、やはり国際協力が欠かせません。一九九七年、京都会議が行なわれ、各国が協力して温暖化防止に取り組もうということが決められました。

日本は、一九九〇年を基準として（一部の温室効果ガスについては、一九九五年を基準にしている）、二〇〇八〜二〇一二年に、二酸化炭素に換算した排出量を、六パーセント削減するということになっています。

数字的には、それほど大変ではないように見えますが、二〇〇〇年現在で、すでに一九九〇年に比較して、二〇パーセント増加していることから、実質二〇パーセント以上も削減しなければならないことや、大幅な削減が見込める工業用の二酸化炭素排出にしても、すでにかなりの削減が実施ずみであることなどを考えてみると、そうそう容易な水準ではないですね。

こうなったら、わたしたち一人ひとりが、二酸化炭素排出削減の努力をしないと、とても達成などできないでしょう。まして京都で会議が行なわれたことから考えても、日本の積極的な行動が求められているわけです。

ところで、国際間で協力して二酸化炭素排出削減を実施していくには、じつはむずかしい問題が横たわっています。欧米や日本など、いわゆる先進国は、今までたくさんの二酸化炭素を排出しながら発展してきました。

ところが一方、発展途上国にとっては、これから発展しようというときに、二酸化炭素の排出が規制されることで、成長の目が摘《つ》み取られるのではないか、といった心配があります。

一方、先進国からは、発展途上国が成長を急ぐあまり、エネルギー効率の悪い製造方法を取っていて、そのために二酸化炭素の排出がふえているのではないかという指摘もあるのです。

しかし先進国は、これまで膨大な量の二酸化炭素を排出してきた責任を認め、積極的に温暖化対策に取り組むべきですし、さらに途上国には、環境負荷の小さい工業施設建設の援助など、発展途上国のエネルギー対策に対して積極的に支援すべきです。

一方、発展途上国の方も、温暖化は先進国だけの問題とばかり考えず、人類全体の問題として取り組むべきでしょう。

日本では、かつて大きな公害問題がありました。その反省にもとづいて、日本の製造業は、環境問題に真剣に取り組んできました。日本の製造業における、省エネや環境問題に対するレベルは非常に高いものがあります。

ですから今こそ、日本から世界に向けて、省エネ技術をどんどん輸出することを考えるべきだと思います。

また、温暖化防止は、国ばかりが取り組むことではなく、われわれ自身の問題でもあるのです。国による法律や規制では、イタチごっこが続くだけで、顕著《けんちょ》な改善はむずかしいでしょう。やはりわたしたち一人ひとりが、温暖化という生活習慣病を克服できる賢い患者にならなければなりません。

図3-4　1人あたりの二酸化炭素排出量の上位10カ国

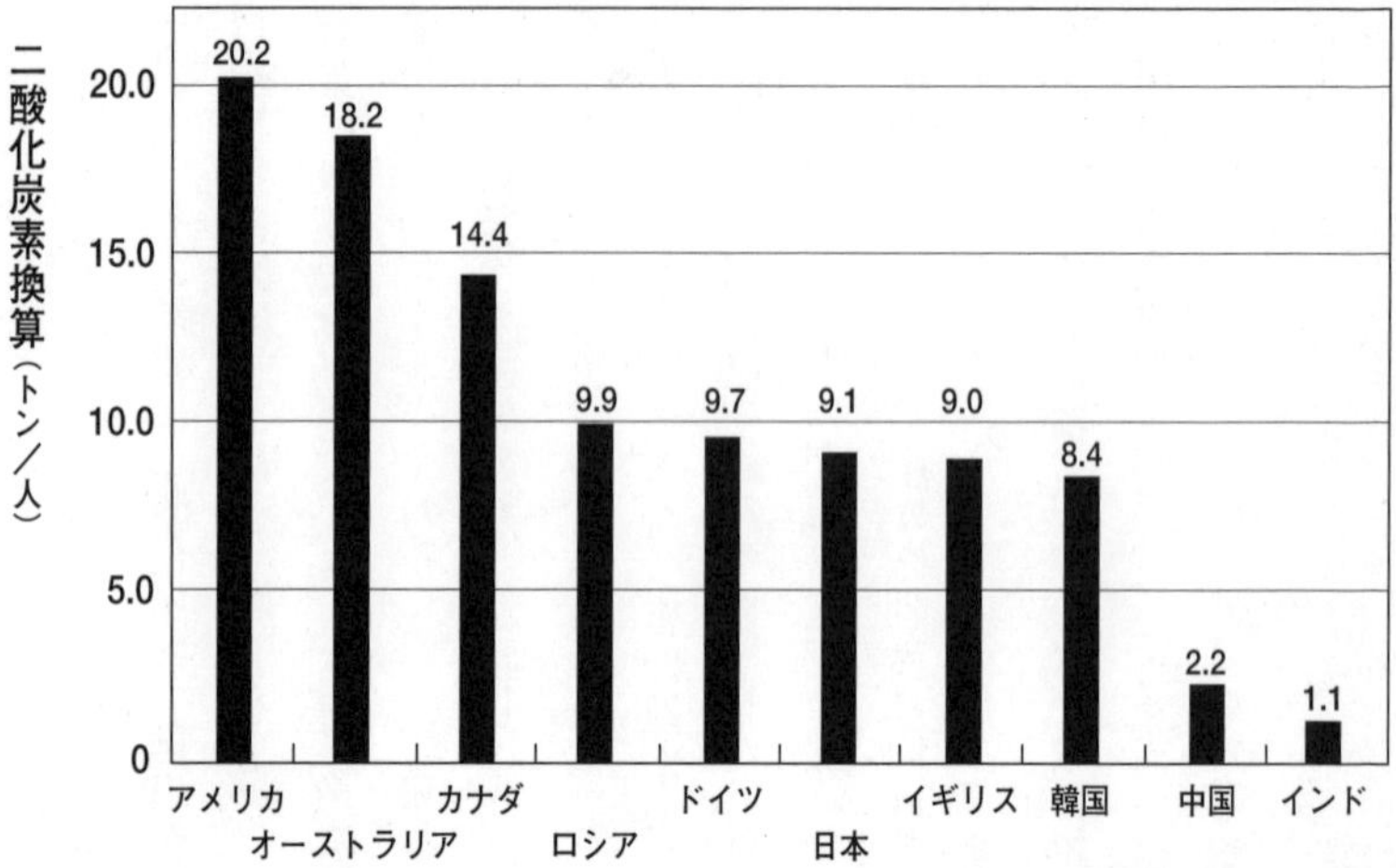

オークリッジ国立研究所のデータ（1999年）より

※ 2000年の日本の排出量は9.75トン（約10トン）　〔地球環境保全に関する関係閣僚会議（2002年）より〕

コラム9　二酸化炭素取引

先の京都会議で、各国の排出できる二酸化炭素の量が決められました。

しかし、どうしても、決められた二酸化炭素の排出量を越えてしまう国と、制限量以下ですむ国とができます。このような国同士での二酸化炭素の排出権取引を認めようという考えがあります。地球温暖化を悪化させる原因である二酸化炭素を、お金で買ってまでモノを作ろうとする国の思惑は、まさに「悪魔のしわざ」といった感じさえ受けるかもしれません。しかしこの問題もそれほど単純ではありません。

一般的にいえば、二酸化炭素の排出量を減らすためには、効率のいい工場で生産することが望ましいはずです。しかし、各国の排出できる量が固定されていて、その範囲内ならば、効率が悪くて二酸化炭素をたくさん出す国の工場も、稼動させないわけにいきません。

むしろ効率の悪い工場が排出していた二酸化炭素排出量を、効率のよい工場がたくさんある国に販売すれば、より効率がよくなるはずです。つまり、国内に効率が悪く、二酸化炭素をたくさん出す工場しかないならば、その分、効率のよい工場のある国で作ってもらったほうがいいはずです。そのほうが、同じ量のものを作るとしたら、少ない二酸化炭素ですむことになります。二酸化炭素排出権を売った国も、そのお金で、高効率の工場を稼動させるようにすれば、一石二鳥です。全世界的な観点で、どうすれば効率がよくなるか、を考えるべきでしょう。

ただし、たとえ効率がよくなっても、その限度いっぱいモノを作って、贅沢《ぜいたく》していてはどうしようもありません。これは、忘れてはならないことです。

❖江木野《エコノ》家の取り組み

風子――「さっきから、お父さんとお兄ちゃんでいったい何を話し合っているの？」

大地――「地球温暖化っていうむずかしい問題のことを考えていたんだよ」

風子——「ふーん。それでどうなったの？」

大地——「……。これからどうしたらいいかってことを、これから考えるんだよ。ねっ、お父さん！」

陽一——「ああそうだよ。これからどうすればいいか、お母さんも巻き込んで、みんなで考えてみよう」

みどり—「え？　何？　私のこと呼んだ？」

❖ 生活の見直しが必要

今までの生活習慣が、環境に対していろいろな負荷をかけていることは理解できたとしても、長年かかってできあがった生活習慣は、そうそう容易には変えられないものです。ちょうど健康診断で、病院の先生に食生活や運動不足、酒やタバコなどについて注意を受けても、なかなかそれが実行できないのと同じです。

ではどうすれば、生活習慣を少しでもいい方向にできるでしょうか。それには、正しい知識と理解が必要だと思います。ただわけもわからずに「運動をするように」と言われても、それがなぜ必要なのか、どんなメリットがあるのか、運動しないとどうなるのか、どのような運動がいいのか……などについて、納得しない限りなかなか実行できないでしょう。

まず、これまでの生活を、「環境に対する影響はどうか」という視点で、もう一度、見直してみましょう。明らかに無駄で、すぐやめることのできるもの。やめることはできないが、もう少しいいやり方があるもの、今のところ変えられないもの……などに分けて考えてみましょう。

たとえば、だれもいない部屋の電気やテレビはこまめに消す、夜ねる時にはできるだけ主電源を落とす、などは今すぐにも実行できそうです。

今まで使っている家電製品を廃棄して新しくすることは、エネルギー消費の面からは望ましくありません。しかし、それが寿命となり、かつこの先も必要であるならば、環境の面から見て、できるだけ省エネタイプの新品を選ぶべきでしょう。

今までのものとどう違うのか、不要な機能が満載でないか、販売店の担当の人に積極的に聞いてみましょう。本体が省エネタイプでも、さまざまな機能がついて、消費電力が変わらないのでは意味がありません。

また、水を無駄にしないということも重要です。水は一見、エネルギー消費や二酸化炭素の発生と無関係のように見えますが、いわゆる川の水を「飲むのに適した状態」にするためには、たくさんの電力を使っているのです。

❖ゴミに対する意識は高いか？

ゴミは、どうでしょう。まず、ゴミの中身は何でしょうか？　それは、紙ゴミ？　食べ物の容器などのビニールやプラスチック？　食べ残しの生ゴミ？　どういうゴミでしょうか。

ゴミは燃やせば、当然二酸化炭素が発生するということを覚えておきましょう。

また、紙も、プラスチックも、製造のためにはたくさんのエネルギーを使います。たくさんゴミを捨てるということは、たくさんのエネルギーを捨てることと同じことなのです。

「容器リサイクル法」ができました。これは、たくさんのゴミを出す会社は、その分量に応じて、お金を払わなければならないという法律です。たとえば、シャンプーを容器のまま販売している会社と、詰め替え用を販売している会社があるとします。容器のままで販売すれば、毎回容器がゴミになるのに対して、詰め替え用の中身を販売すれば、はじめに買った容器はずっと使えるので、ゴミは袋だけになります。

こういう取り組みが「容器リサイクル法」のおかげで活発になってきました。ゴミを出す会社から回収したお金で、ゴミ処理や環境問題に取り組もう、という考え方から生まれた法律なのです。

また消費者にとっても、詰め替え用を選ぶことは、単に値段が安いだけでなく、ゴミにならないという点でもメリットがあります。詰め替え用を選択する消費者がふえ、ゴミを少なくする企業がふえてくれることを願いたいですね。

「容器リサイクル法」が実施されて、ゴミの分別が厳しくなった、と感じている方も多いのではないでしょうか。これについては、各自治体によって対応が違うようですが、いずれにしても、ゴミ減少のための取り組みだと知って、誠意をもってそれに協力する姿勢が大事ではないかと思います。

よく考えてみると、昔は、お酒や醤油《しょうゆ》を買いにいくとき、入れ物をもっていきました。豆腐も行商のおじさんのところにナベをもっていったものです。ゴミゼロ、究極の姿をすでにわたしたちは実行していたわけです。

また最近では、ゴミを燃やしたときにでてくるダイオキシンという有害物質も問題になっています。これは、ゴミの中に塩素を含んだ物質が含まれているときに、それを燃やしてしまうと出てくる物質です。

ダイオキシンを出さないためには、塩素を含むビニールやプラスチックを分別して、燃やしてよい紙くずなどと分けて処理する必要があります。また、最新の焼却施設で高温で燃やすことで、ダイオキシンも分解するため、その発生は抑制できると考えられていますが。今は、古くて小規模な焼却施設における発生の可能性が心配されています。

ビニールやプラスチックをはじめとして、塩素が含まれているものは多く、ふつうに焚き火をしたときにもダイオキシンが発生する可能性があります。庭が広ければ、庭での焚き火も優雅ですが、燃やしてよいのは、落ち葉や紙に限られますね。

❖江木野家のゴミ対策

みどり――「ここは、ゴミの分別、結構細かいわよ」

大地――「燃えるゴミ、燃えないゴミと……ええとそれから何だっけ？」

みどり――「容器は、別に集めるんだそうよ。それから、リサイクルされるのがあって、ペットボトル、ビン、新聞や雑誌、ダンボール、缶などがあるわよ」

大地――「そういえば、買ってきたおかずのラップ、お母さん、洗ってかわかしてるけど、あれもそう？」

みどり――「ラップは容器扱いになるのよね。ただし、バーコードのシール部分は切り取って燃えないゴミになるんだけど」

陽一――「会社でも、コピー用紙やその他の紙、厚紙、ティッシュ、雑誌、新聞、プラスチック、ビン、缶、全部分けているよ」

大地――「ええっ？　お父さんの会社ってかなり細かいんだね。面倒くさいなんて言っていられないくらいキビシイんだね」

陽一——「そりゃあ結構たいへんだけどもね」

❖省エネ対策の記録を

陽一——「じゃあ、これからわが家の省エネ対策をみんなで話し合って、どうすればいいか考えよう！」

みどり——「でもウチだけで何かできるのかしら？」

大地——「できることからやってけばいいんじゃないかなぁ」

みどり——「あらあら、言われちゃったわ。でも、たしかにそうね」

陽一——「みんなで考えたことと、取り組んだことを、大地とふーちゃんでまとめてくれるかい」

風子——「お兄ちゃん一人だとすぐ忘れちゃうからね」

大地——「うるさいなぁ。風子はいつもそうやって……」

みどり——「まあまあ、二人ともけんかしないで！」

風子——「それにしても、どんな風に書けばいいのかな」

地球温暖化と省エネについて、みんなで考え、いいと思ったことはどんどん実行しましょう。どう考えて何をしたのか、記録に残すことはすばらしいことです。

記録に残すことが、すばらしいのは二つの点です。一つは、生活習慣の見直しを客観的にできるようになるということ、もう一つは、生活習慣の見直しの〝きっかけ〟になることです。

❖生活習慣の客観的な見直し

環境によさそうなことはたくさんありますが、本当にいいことなのか、よさそうに見えるだけなのか、考えてみなければならないことです。

たとえば、お父さんのヒゲを剃《そ》るのに、ふつうのカミソリを使うか、電気カミソリを使うか、という問題で考えてみましょう。電気を使わない分、ふつうのカミソリのほうがよさそうです。でも、ふつうのカミソリは、水をたくさん必要としますし、ヒゲをやわらかくするためにお湯も必要です。石鹸やシェービングクリームもいるでしょう。

一方、電気カミソリについては、作るために使ったエネルギーや、廃棄の時に必要となるエネルギーも計算しなければならない、ということはありますが、ふつうのカミソリでも、同様のことがいえますし、寿命はふつうのカミソリのほうが短いでしょう。

全部、総合すると、どちらがどれだけよいのかは、なかなかむずかしい問題です。とりあえず、いいと思うことに取り組んで、取り組んだ結果を記録に残すことが、問題解決への第一歩になるでしょう。

❖見直しの目標

環境にやさしい生活といっても、具体的な目標がないとがんばれないものです。小さくとも目標をもつことで、前進する力が湧くものです。たとえば、電気を節約しようといろいろと取り組んでみて、結果が出る場合、出ない場合、どちらなのかよくわからない場合、いろいろあると思います。

でも、とりあえず「これぐらい減らしたい」と考えて、チャレンジしてみましょう。うまくいったら万歳です。でも、思い通りにならなくとも、めげる必要はありません。次の目標に向かえばいいわけですから。はじめのうちは義務感で取り組んでいたとしても、だんだん積極的に取り組めるようになるかもしれません。

節電に慣《な》れたら、一歩進んで、ガソリン、灯油、水道代、ゴミの量など、少しずつ記録し、目標を決めてチャレンジする項目をふやしていきましょう。生活を見直すよい機会になるはずです。

❖ 環境家計簿

記録として残すときに「環境家計簿」というものがあります。いくつか市販もされていますが、それほどむずかしいものではありません。

簡単なものとしては、毎月の電気代を記録するだけでも有効です。月々の電気代の隣りには、冷蔵庫の買い換え、エアコンの増設など、電気に関係するコメントを入れておきましょう。

そして、明かりをこまめに消す、冷蔵庫の開閉はできるだけ減らす、出かけるときはテレビの主電源を切る……など、小さな工夫を書き留めておきましょう。一年前と比べることで、一つひとつの工夫がどれだけ結果につながったのかが明確にわかります。

環境家計簿では、使った電気・水道・ガスの量やゴミの量から、排出していると思われる二酸化炭素が計算できます。実際、どのぐらい自分たち（わが家）が二酸化炭素を排出しているのかを確認してみましょう。

前にも述べましたが、日本人一人あたり、年間で平均約一〇トンも排出しています。恐竜でもこんなに二酸化炭素を出していなかったのではないでしょうか。

環境家計簿をつけることで、自分が排出している二酸化炭素のおおよその量が計算でき、その量が、日本人の平均と比べて多いのか、少ないのかがわかるようになっています。わたしたちがいろいろな対策をとることで何パーセント減らせるでしょうか。これが今後の試みなのです。

コラム10　「リサイクルしてはいけない」

『環境にやさしい生活をするために「リサイクル」してはいけない』（武田邦彦著、青春出版社）という本が話題になりました。わたしたちは「リサイクルすれば問題は解決」と考えがちですが、リサイクルせずに燃やしてしまったほうが環境にやさしい場合もあります。つまり回収や再利用のために多くのエネルギーを使うよりも、新たに製品を作ったほうが環境負荷が少ない場合です。

一般にリサイクルは、環境問題解決のキーワードのように思われがちですが、じつはリサイクルすることによって生じる環境負荷というものを正しく評価・検討する必要があります。これはＬＣＡ（ライフサイクルアセスメント）と呼ばれる考え方で、製造からリサイクル、廃棄まで、製品の一生涯を通じて、どれだけそれが環境に負荷をかけているかを評価するものです。リサイクルした場合とリサイクルしない場合とを比較するには、どうしても必要な考え方です。

ともすれば、企業の「環境への取り組み」をアピールするために使われがちな「リサイクル」の言葉ですが、じつは「リサイクル」が目的ではなく、環境負荷の軽減が目標のはずです。

この認識を正しくもてれば、リサイクル（再資源化）でなく、「リユース（再使用）」も含めた「ロングユース」、そしてもともとゴミになるものを出さない「リデュース（発生抑制）」の重要性が理解できると思います。環境問題には、これだけやっておけばよいという免罪符はないのです。

コラム11 〝リ……〟の具体例

リサイクルは、もう一度まわすということで、再資源化のことをいいます。牛乳パックからトイレットペーパーを作る、ペットボトルからフリースを作る、などがこれにあたります。リユースは再使用です。ビールビンの再使用、詰め替え用を使った容器の再使用などです。リデュースはさらにゴミとなるものの発生を抑制するものです。昔のように、ナベ持参で豆腐を買いにいけばリデュースです。

❖長く使うということ

陽一――「よく『限られた資源を大切に使う』と言われるんだけど、大地はどうすればいいと思うかい?」

大地――「やっぱり、使い終わった後、きちんとリサイクルすることが、大切なんじゃないのかなあ」

陽一――「もちろんリサイクルも大事だけど、壊さないように大事に使うことも、やはり大事なことだと思うんだよな」

大地――「それはそうだと思うけど……。でも、急にどうしたの？」

陽一――「大地の使っていた一輪車、風子にあげようと思ってるんだけどさ」

大地――「風子も別にそれでかまわないって言ってたよ」

陽一――「ただ、タイヤが減っているから、新しく交換しようと思ったんだけど、どうやら新しく買うのと同じくらいお金かかるんだって」

大地――「じゃあ新しいほうがいいよね。あ、そうか。資源を大切にするっていう点では長く使ったほうがいいのか……」

今まで、日本の製造業は大量生産によるコストダウンを目指してきました。同じモノを作るならば、大規模な施設で一気に作ってしまったほうが、一つ一つにかかるコストが下がるからです。つまりより安く作ることができるわけです。

もちろんお金の面だけでなく、製品のばらつき、つまり出来・不出来の問題もなく、高品質で均一な製品が作られるようになりました。その面ではたしかに成果は上がり、わたしたちの生活を豊かにしてくれました。

しかし、このようなコストダウンができない分野もあります。その一つが「修理」です。修理はモノを長く使うためには欠かせませんが、オートメーション化ができないため、どうしても手作業が中心となります。右の会話にあるように、部品を交換するだけの金額と、新品の値段とが変わらないことが珍しくありません。環境を考えるうえで、避けて通れない問題なのです。

企業のほうも「大量生産、大量消費の時代は終わった」として、事業の中心を「修理や保守」といったメンテナンスに移そうとする動きもあります。修理に力を入れようとしている小売店もふえてきました。

もし、新製品の値段だけで消費者が製品を選択しつづけるならば、企業は新製品の値段を下げざるを得ません。新製品を買ってもらえなければ、修理もできないわけですから。

ですから、望ましいのは、新製品の時の値段が多少は高くとも、きちんとメンテナンスしてくれるメーカーを選ぶことです。現実にはなかなかむずかしいことですが、値段だけではなく、企業の姿勢も見る目をもちたいものですね。

❖リサイクルの機械化はむずかしい

大地――「修理するのと、新品を買うのが同じ値段なら、新品を買ったほうが得だなって、ふつうは思っちゃうんだけど。でもそんなことばかり言ってもいられないんだよね」

陽一――「そうだね。意識の改革が必要だよな。『価格破壊』なんていう言葉につられてしまって、モノを大事に長く使おうっていう意識がなくなってきてるのかもしれないね」
大地――「修理は手作業だから割高だと言ってたけど、リサイクルも同じなんじゃないの？」
陽一――「そうだろうなあ。リサイクルするために、ペットボトルや缶を洗って集めたりしているけど、それって、機械で自動化するのはむずかしそうだな」

リサイクルも機械化のむずかしい分野です。使い終わった資源を、再利用のための材料にするまでは、かなりの手作業が必要です。

このような事情で、日本で盛んに奨励されているリサイクルですが、実際には、海外でリサイクル作業を行なっているところがふえてきています。

これは、単に作業を海外に依存しているのでなく、ヘタをしたら「資源ゴミ」という名のゴミを排出しているだけようにも見えます。さらに、資源ゴミの中に本当のゴミが混じっていれば、日本はゴミの垂れ流し国、というありがたくない名前をもらうことになるでしょう。

リサイクルのまえに、「資源ゴミ」という名のゴミさえも出さないような生活が求められているのです。やはり、故障が多くなったら、それを「修理して使うよりも、新製品を買うほうが安い」というのは、健全な状態とはいえないでしょう。

一部の家電については、買い換えにともなって、廃棄の代金の一部負担を求めるようになってきました。今後、このような動きはさらにふえてくるでしょう。わたしたちも、単にお金の問題ととらえずに、どのようにしていったらよいのか考える必要があります。

いずれにしても、新製品への買い換えにともなって、何らかの負担が生じるのはやむを得ないと考えるべきでしょう。メーカーにも、基本機能がしっかりして、故障しにくく、故障しても修理の容易な製品の開発をお願いしたいものです。

❖ 環境のために賢くなろう

陽一——「なあ大地。地球環境が今後ますます悪化してさ、使える品物もエネルギーも半分にしなければいけなくなったら、お前どうする?」

大地——「ええっ?　急にそんなこと言われても……」

風子——「お兄ちゃんのことだから、学校のものから捨てるんじゃない?」

大地——「……そんなこともないさ!」

みどり——「風子のいう通りのこと、考えていたみたいね」

陽一——「冗談はともかく、本当に必要なものは何か。それは考える必要があるかもしれない」

大地——「でも、人によって必要なものは違うんじゃないの？」

風子——「お兄ちゃんに教科書がいらないように？」

陽一——「こらこらいいかげんにしなさい。大地の言ったことは大事なことだよ。いくら使えるエネルギーが限られるといっても、その限られたエネルギーを何に使うのかとなると、その自由は認められるべきだろう」

これまでわたしたちは、自分自身の価値観よりも、自分のまわりの価値観に合わせようとしてきたようなところがあります。つまりまわりと同じであることを目指してきたのかも知れません。

環境問題が深刻化する中で、今こそわたしたちの価値観が試される時です。ある目的を達成するために生じる対価が、本当に見合ったものなのかどうか。ここでの対価とは、もちろんお金のことだけでなく、環境負荷も含めてのことです。

たとえば、自家用車（車）は環境負荷の高いものです。環境のことを考えたら、本当はできるだけ車を使わずに（乗らずに）すますことが望ましいでしょう。あるいは、カーシェアリングといって、一台の車を何軒かで共有することが望まれます。

とはいえ、家庭の状況によって、どうしても車が必要な場合があります。ですから個々の環境負荷の高さだけで、すべてを決めつけるわけにはいきません。しかし少なくとも一つひとつの行動が、どれだけ環境に影響を与えているのかということについて、だれもが自覚しておきたいものです。

余談ですが、日本は車社会です。車産業が日本の経済を豊かにしている部分もあります。またガソリンや石油の問題があります。これは産業構造・社会構造の問題で、わたしたち個人の力ではいかんともしがたい部分が大きいです。今日から「車に乗るな」と言われては、世の中が成り立ちません。しかし、車とは、環境に対してこういうものなのだということを知っておくことは大切なことです。

いずれにしても、ものを無意識で使ってしまっている限り、減らすことはできないのですから。さて、わたしたちは、環境のために、自分たちの生活習慣を変えるだけの賢さをもっているのでしょうか。

❖ できることをあげてみよう

陽一――「ではここで、みんなで、できることをあげてみよう。じゃ、まず電気の節約から」

大地――「蛍光灯はこまめに消す」

風子——「テレビは見たい番組を見る時だけつける」
みどり—「私の番？　そうねえ。家電製品を省エネタイプに買い換える」
陽一——「というと、冷蔵庫に、洗濯機に、掃除機に、エアコンもあったな」
みどり—「別にすぐにというわけじゃないのよ。とりあえず、あげてみただけ。じゃ、そのまえに、えーと、冷蔵庫の開け閉めを少なくする、にしておくわ」
陽一——「お父さんの番だね。いろいろみんなに言われちゃったな。じゃあ、そうだなぁ……。電気カミソリをやめてふつうのカミソリにする」
大地——「それって、あんまり変わらないんじゃないの」
陽一——「文句はあとにして、いろいろ出してみよう」
大地——「トイレの便座の暖房スイッチを切って、カバーにする」
風子——「夜更かしをしない」
みどり—「長くつけている玄関の明かりを省エネ電球にかえる」
大地——「なんか、買い換えるのばっかりだね。それより消しちゃえばいいんじゃないの」
みどり—「だってこの辺は暗いんだもの。それに文句はあとで、でしょう？」
大地——「はーい」
陽一——「屋根にソーラー発電を作る」

大地――「急に話が大きくなったなぁ」

❖ 江木野家では何ができる？

江木野家の対策案がずいぶん出てきたようですね。これ以外にも、もちろんいろいろとあるかもしれませんが、対策を二つに分けてみましょう。

たとえば、ソーラー発電設備を作る、省エネタイプの家電にする、電気カミソリをやめる、便座の暖房をカバーにする……などは、実際にできるかどうかは別にして、一度実行してしまえば、しばらくその状態が続くものです。

ですから、こういうことは、年に一度か二度、家の中を見まわして、省エネできるものを考えてみることです。そのときに、どれぐらいお金がかかるのか、それでどれぐらい省エネできそうなのか……など、いろいろ調べてみるのも参考になると思います。

これに対して、こまめに明かりを消すこと、冷蔵庫の開け閉めを少なくすることなどは、常に心がけていないと実行できないことです。ですから、このような行動が習慣となるようにしたいものです。江木野家でも、そのための取り組みがはじまりそうです。

陽一――「じゃ、みんなで、やってみたいことを一つずつ決めて、週に一度、できたかどうか、反省会をすることにしよう！」

みどり―「電気のメーターを調べて、ふえ方が変わるかどうかを見ても、おもしろいわね」

大地――「それ、おもしろい。でも、電気代が気になって、テレビが見られなくなるのは何だかイヤだなあ」

陽一――「これぐらい無駄づかいするとこれだけ電気代がかかるけど、少し気をつけたら、これぐらい電気代が節約になる……というような感じで、だいたいの線がわかればいいんじゃないかな」

❖節水対策

陽一――「次は水だけど。どうすれば少なくできるだろうね」

大地――「お父さんには言ったけど、歯磨きのとき、水を出しっぱなしにしないってことが大事だよ」

みどり―「洗濯の時に、お風呂の残り湯を使う。でも、これは、もうやってるわね」

陽一――「お風呂はできるだけ追い炊きで使う。シャワーはお湯がたくさん必要そうだから、できるだけお風呂のお湯を使うってところかな」

ふつうのカミソリ
電気カミソリ

水の出しっぱなしだョ

水の問題ですが、江木野家でもさっそくアイデアがでてきました。これ以外にも、お米を研《と》いだ「とぎ汁」をそのまま捨てずに鉢植の水に使うとか、雨水をためて庭の水撒《ま》きに使う、節水コマ（同じだけ蛇口をひねっても水を出にくくするもの。ただし、レバー式の蛇口では使えません）を使う、などが考えられます。

水の問題で考えなければならないことで、前に述べましたが、都会でのヒートアイランド現象で、都市部での集中豪雨がふえていますね。当然、雨水が用水路からあふれて洪水状態になってしまいます。これを防ぐために、少しでも早く水が（海に）流れるように工事をしているのが現状です。

ところが一方、山に降った雨水をダムまで作ってためておき、飲料水としながらも、時どき水不足だといって叫ばれています。この二つのことを並べて見ると、やっていることが変だと思いませんか？

東京でも、一部の施設では、雨水をためて、トイレ用の水に使うところがでてきました。しかし、ヒートアイランド現象による集中豪雨を、大規模に利用するのには、各個人の力では限界があります。少なくとも地域社会として取り組む必要がありそうです。しかし、それも各個人が声をあげなければ、何も動かないのもまた事実です。

❖ ガスの消費量

みどり――「ガスの場合は、お風呂とお湯、それとレンジね」

陽一――「お風呂は、間をあけずになるべくみんなで続けて入ること。お風呂上りにちゃんとふたを閉めること。それぐらいかな」

みどり――「レンジは、火にかける前になべ底の水分を拭くぐらいかな。圧力鍋だとガスが少なくてすむらしいけど」

大地――「電子レンジ使えば？」

みどり――「電気を使うでしょ」

陽一――「食器は水で洗うか、ためたお湯で一度に洗う」

みどり――「何か、他人ごとだと思ってない？」

陽一――「いや、ぼくだっていつも洗いものしてるだろう？」

ガスの使用量についても、各家庭で事情は変わってきます。ガスストーブやガスを使った床暖房などをしていれば、当然、ガスの使用量はふえてきます。また、キッチンで使うガスも、家族の数で違ってくるでしょう。

本来は、各家庭で排出している二酸化炭素の量を定量的に調べて、それがどのように変化するのかを見ていくべきなのですが、今のところは、これまでの使用量と、これから家族がいろいろと心がけたことでどう変わったか、その点を見ていけばよいと思います。ガスは使った量が表示されるので、いろいろと対策をとりながら、変化を見守ることができます。

また、省エネのためだけではなく、ガス器具がきちんと作動しているかどうか、定期的に点検することも大事です。ガスを無駄にしないということとともに、ガス漏れなど重大事故を未然に防ぐことにもつながります。

❖ わが家のガソリン問題

陽一――「ガソリンのことは、お父さんの担当だな。まず、車の中から余計な荷物をおろすことかな。それから、タイヤの空気圧が下がっていないかも確認する」
風子――「空気圧ってなあに？」
陽一――「タイヤは空気が入って膨《ふく》らんでいることは知っているね？　空気が減ってしまうと、タイヤが転がりにくくなるんだ。すると燃費が悪くなるわけだ」

みどり――「あまり、無駄に走りまわらないっていうのも大事なんじゃないの？」

陽一――「そうだね。買い物に行くのにも、あまりあちこち行かずに、一回ですますようにするのも必要かなぁ」

みどり――「それって、わたしに言ってるの？」

陽一――「あ、いや別に、そういうわけじゃないけどね」

みどり――「あなただって、気晴らしにいいなんて言って、やみくもにドライブに行ったりすること、結構あるじゃない！」

陽一――「え？　まぁ、これからは控えるよ。そうそう、燃費のいい新車に買い換えるっていうのもあったな」

ガソリンを使う自動車は、かなり環境負荷（環境に対する影響）の高いものです。なぜかというと、一つには、ガソリンそのものが燃えることによる二酸化炭素排出の問題があります。また、最近ではずいぶん処理技術が上がってきてはいますが、NOxと呼ばれる有害物質を排出してしまうという問題もあります。

もちろん「走りまわる」のを減らすだけでも効果はあるでしょう。また、不要な荷物を降ろすことや、タイヤの空気圧を適正に保つことも重要です。

会話の終わりのほうで、省エネタイプの車に買い換える話がでていましたが、燃料消費の少ないタイヤも開発されています。タイヤの減り具合の関係もありますが、交換時期には考えてみるのもよいでしょう。

それから、使い終わったタイヤの処理も重要です。不法廃棄されたタイヤに火がついて、大変な問題になったこともあります。タイヤ交換時には、廃棄するタイヤの処理料が必要となることも覚えておいてください。

アイドリングストップ運動もあります。車が止まっているときはエンジンが動いている必要はないはずです。ちょっとした買い物の間、待ち合わせの時間など、こまめにエンジンを切ることで、ガソリン代が浮くだけでなく、環境への影響も減らすことができます。

車の燃費を気にしている方も多いのではないでしょうか。前回の給油からの走行距離を給油したガソリンの量で割ると、ガソリン一リットルあたりの走行距離がわかります。ここに書いた対策で少しでも燃費がよくなればいいですね。ただ、燃費がよくなっても、その分無駄に走りまわっては意味がありません。燃費とともに、一ヵ月間のガソリンの消費量も同じように頭に入れておきましょう。

また、車の中には、カーエアコン、カーステレオ、カーナビなどなど、たくさんの電装製品があります。カーエアコンなどは、オートモードにして、一年中動かしていることが多いのではないでしょうか。これらを動かすだけでなく、作るためにも、また、将来廃棄するときにもエネルギーが必要になります。手動で車の窓を開けていたのもそれほど昔の話ではないはずです。もう一度、本当に必要なものを、必要なだけ使う、ということを考えてみる時期にきていると思います。

❖ゴミを少なくしよう！

大地――「まず、リサイクルでいうと、詰め替え用があるものを選んで容器を何度も使うことだよね」

みどり――「なるべく選ぶようにしてるわよ。お肉なんかがのっているトレイもじゃまなんだけど、スーパーではのっているのしかないし」

陽一――「トレイはスーパーで回収しているみたいだから、うちから出るゴミにはならないけど、本当は必要ないのかもね」

みどり――「買い物袋を持参して袋をもらわないっていうのもあるけど、あれってゴミの種類を分けたりするのに結構、便利なのよね」

陽一――「それから、買ってきたものを賞味期限内に食べきって、まずゴミを出さない、ということが大事なんじゃないかな。食べ物を無駄にしたいために」
みどり――「ついつい、後で食べようと思って、忘れちゃうことがあるのよね」
陽一――「週末は、冷蔵庫の在庫一掃の日にしようか？」
みどり――「お父さんの、ビールの空き缶も結構な量よ」
陽一――「おっと、反撃がきちゃった。うーん、缶ビールをやめて、ビンビールにするか」
みどり、大地、風子――「それより、飲む量を減らすのが先でしょ！」
陽一――「ハハハ、そうだったね。でもビールって言ったけど、ホントは発泡酒だもんな。三五〇ミリリットルの缶。ビンって売ってるのかなぁ？」
みどり――「ビンの発泡酒？　でもやっぱり、容器よりも中身を減らすことよね」
大地――「電気やガス・水道っていうのは、使用量がわかるけど、ゴミはどうしたらいいんだろう？」

「環境家計簿」では、燃えるゴミ、燃えないゴミ別に「重さを測るように」なっています。出したゴミの量から二酸化炭素の量がわかるようになっています。とりあえず、出したゴミの袋の数から調べてみてはどうでしょうか。いろいろやってみると、燃えるゴミと燃えないゴミのどちらが減りにくいのか、いろいろわかってくると思います。

また、一度、家族が出すゴミを古新聞の上に、全部広げてみるのも、わが家のゴミの内容をはじめ、いろいろなことがわかるでしょう。何が、ゴミのもとになっているのか、あるいは、どんなゴミが減らせそうかなどです。

ゴミについては、ゴミ箱に入れた瞬間、あるいはゴミ収集所に出した瞬間、ゴミ問題も「片づいた」と思いがちです。いちばんの問題は、その後であるということを、考えておきたいものです。

❖包装紙もふえる一方

大地――「お父さん、どうしたの?」

陽一――「いやぁ、部屋のゴミ箱の中身を見てみたんだ。とりあえず、紙のゴミだけど、目立ったのが、本屋でかけてくれる本のカバー、本が入っていた紙袋、本を買ったときに一緒に入れてくれるパンフなんかで、びっくりするぐらいの量だったよ」

大地――「そんなの、はじめからもらわなければいいんじゃないの?」

陽一――「うぐっ……まぁ、そうなんだけどね。電車で読むときに、紙のカバーをかけてないと、『ああ、あの人、あんな本読んでる』って見えちゃうからイヤなんだよな。恥ずかしいからさ」

みどり――「何か、人に見られてマズイ本でも読んでるんですか？　変な本ばっかり買ってるんじゃないでしょうね？」

陽一――「いやいや。ただ、本の表紙が汚れたり、めくれたり、破れたりするのもイヤだしな」

大地――「じゃあ、一度もらったカバーを何度も使うか、紙じゃないカバーをちゃんと買えば？」

陽一――「そうだね。今回はとりあえずいいかと、ついつい思っちゃうんだよね」

一回の買い物の量は限られているので、包装などに使われる紙袋など、それほどの量だと思いませんね。だからついつい意識せずに買ってしまうものです。ものを買うときに、どれだけのゴミが出るかを意識しながらものを選んでいる人は、ほとんどいません。

それでも、意識の中で、ゴミになるものはもらわない、ということを心がけておきたいものです。購入機会の多いものについては、少しずつでも包装の少ないものを選ぶことで、大きな違いにつながります。

わたしたち消費者が、包装やゴミについて関心をもつことが、ゴミの少ない製品の増加にもつながるのだと思います。いつかは、無意識でも、よりよい製品を選択できるような生活習慣を身につけたいものです。

大地――「なんか、ケチケチ生活みたいだね」
陽一――「今までが無駄づかい過ぎたんじゃないかな」
大地――「たしかに、だからといって、何か困ったことが起こったわけじゃないんだけどね」
陽一――「無駄づかいしない生活って、気持ちいいんじゃないかな」
大地――「うーん。そうかもしれない。お金もうくしね」

❖江木野家の方針

ここで、江木野家の取り組みをまとめてみましょう。まず、江木野家のみなさんは、いろいろなことを調べましたね。

◎地球温暖化がどうして起こるか?
◎今後、どうなると予想されているのか?
◎それによってどんなことが起こるのか?
◎地球温暖化防止の取り組みについては?

次に、江木野家として、次の問題にどう取り組むかを話し合いました。
◎無駄になっているもの
◎不必要なもの
◎節約できそうなもの
そしてやるべきことは、実際の取り組みと、その結果の確認です。

人は、この世に生まれて、快適に生活していく権利があります。そして、日本に住んでいるわたしたちは、世界でも豊かな生活をしているといえるでしょう。しかし、その豊かな生活を支えるために、大量のエネルギーが消費されています。快適な生活自体は悪いことではありませんが、大量のエネルギー消費は、さまざまな問題を引き起こします。

わたしたちが、どれだけエネルギーを消費しているのか、それが地球に対してどんな影響を及ぼしているのか、消費するエネルギーを少しでも減らす方法はあるのか、などについてもう少し、知ることが必要だと思います。

最後にもう一度申し上げておきたいことですが、地球温暖化という生活習慣病を治すためには、わたしたち一人ひとりが賢い患者にならなければなりません。

あとがき

環境問題が大事だというのは、みなさん感じていることだと思います。なんといっても、環境破壊でいちばん困るのは、私たち、そして子どもたちなのですから。とはいえ、「環境のため」といわれたとたんに、急に堅苦しくなりませんか。この本では、環境問題、特に地球温暖化について、そのメカニズムをわかりやすく紹介したつもりです。

幸い、筆者のまわりには、気象や環境に詳しいメンバーが多く、そういったメンバーとのディスカッションのなかから、「こう説明したらわかりやすいのでは？」とか「こんな例があるよ」とか「こんな風に考えたら」とかといった、さまざまなアイデアを得ることができました。この本にはそんなアイデアがたくさん詰まっています。

この本を読まれて、少しでも「なるほど。そうなのか」と思っていただき、そして、楽しみながら環境問題を考えてもらえる機会を提供できればと願っています。なんとも欲張りな願いではありますが、本当にそう思っています。

しかし、環境問題を「楽しみながらなんて学べないよ」という声もあります。しかしそのための強力な味方がいます。

子どもです。子どもは、素直な目で、疑問を疑問としてぶつけてきます。だから大人は、先入観で「そういうものだよ」と言わずに、子どもと一緒に考えてみましょう。

子どもの疑問に、何より自分自身が納得して答えること、これは結構大変です。なぜ大変なのでしょうか。それは、子どもに理解力がないからではなく、大人自身がよくわかっていないからです。子どもに説明していてつくづく感じることです。

先日、三人の子ども（小学五年生、二年生、幼稚園児）とテレビをみていたら、田舎の暮らしの風景がでてきて、そこに水車がまわっていました。そこで子どもに、なぜ水車がまわるのか聞いてみると、「水のせい」「水が流れてくるから」「水が湧いているから」という答えが続き、やがて「雨が高いところに降るからだ」となって、最後は「太陽のおかげで水車がまわっている」ということに気がつきました。

一緒に考えていくことで、子どもの理解力は、すばらしく発揮されるようです。この本も、そんな子どものパワーをもらうつもりで、まとめました。

ここまで、いろいろ偉そうなことを述べてきましたが、自分自身、どれだけ環境にいい生活をしているのかと聞かれると、正直いって答えに詰まります。それでも、自分たちのどんな行動が、環境にどんな影響を与えるのかを、少しずつでも考えるようにしたいと思っています。

そして、この本で取り上げた、江木野家のみんなに負けないよう、自分も生活していきたいと思っています。

この本で引用した図や、内容の確認には、気象予報士会埼玉支部のみなさまに、多大なるご協力をいただきました。東さま、古谷さま、大貫さま、武田さま、川村さま、加藤さま、石田さま、金井さまをはじめとした埼玉支部のみなさまに感謝いたします。

また、執筆の機会を与えていただいた、児玉進さま、本の書き方の手ほどきをいただいた大江高司さま、本当にありがとうございました。できの良くない生徒だったと思いますが、おかげさまで、何とか、本として日の目を見ることができました。

そしてなにより、この本の完成まで導いていただきました、日本教文社編集部の北島直樹さん、青田辰也さん、ありがとうございました。

最後に、話し相手となって執筆のアイデア作りに一役買ってくれた子どもたちと、すべての面で支えてくれた妻に、この本を贈りたいと思います。

平成十五年六月吉日

著者しるす

子《こ》どもの疑問《ぎもん》に答《こた》える

わが家《や》のエコロジー大作戦《だいさくせん》

初版発行――平成十五年七月十五日

著者――田崎久夫《たさきひさお》〈検印省略〉

発行者――岸　重人

発行所――株式会社　日本教文社

東京都港区赤坂九―六―四四　〒一〇七―八六七四

電話　〇三（三四〇一）九一一一（代表）

〇三（三四〇一）九一一四（編集）

FAX　〇三（三四〇一）九一一八（編集）

〇三（三四〇一）九一三九（営業）

振替　〇〇一四〇―四―五五五一九

編集協力――気象予報士会埼玉支部

印刷・製本――株式会社　シナノ

装幀――Push-up（清水良洋＋西澤幸恵）

装画――高橋雅彦

図版・イラスト――田崎久夫・高橋雅彦・鹿間久晴・松下晴美

ISBN4-531-06387-2　Printed in Japan

「無限」を生きるために

●谷口清超著

人間は、本来「無限の可能性」「無限のすばらしさ」「無限のいのち」をもった「神の子」である。本書は、その人間が本来の力を発揮して、この世に至福の「神の国」を現し出すための真理を詳述。

¥1200

今こそ自然から学ぼう——人間至上主義を超えて

●谷口雅宣著

「すべては神において一体である」の宗教的信念のもとに地球環境問題、環境倫理学、遺伝子組み替え作物、狂牛病・口蹄疫と肉食、生命操作技術など、最近の喫緊の地球的課題に迫る！

＜生長の家発行／日本教文社発売＞　¥1300

生命の讃歌

●谷口雅春著

人間神の子の真理、久遠流るるいのちから溢れ出る生命の躍動。神と人間と生命への讃歌が、読者の霊的感受性を養い実相世界へと導く。単行本未収録の詩28篇を加えた、谷口宗教詩の集大成。

¥1370

身近な四季　春から夏へ

●谷口恵美子写真集

生きとし生けるものたちに心を通わせ、言葉にならない感動と慈しみを26枚の写真に託す。春から夏への静謐さと華やかさが織りなす写真集。『身近な四季　秋から冬へ』の姉妹書。

¥1200

あなたもできるエコライフ

●生長の家本部ISO事務局監修　南野ゆうり著

エコロジーのために誰でもすぐできるエコライフの例を、イラストをまじえながら紹介。割り箸のリサイクル、汚れた水を流さないなど、全11話。各章末に「環境問題の豆知識」つき。

¥500

生長の家ヒューマン・ドキュメント選　自然がよろこぶ生活

●日本教文社編

地球環境問題が深刻化する中、環境と調和した事業を展開して成果を挙げている生長の家の信徒を紹介。環境を損なうことなく、自然の恵みに感謝しながら豊かさを実現する新時代のためのヒント集。

¥450

各定価（5%税込）は、平成15年7月1日現在のものです。品切れの際はご容赦ください。
小社のホームページ http://www.kyobunsha.co.jp/ では様々な書籍情報がご覧いただけます。

スーパーネイチャーII

●L・ワトソン著　内田美恵・中野恵津子訳

ベストセラー『スーパーネイチャー』の著者が、15年の熟成期間をおいて書き下ろした円熟のパートII。超自然現象を全地球的視座から考察し、<新自然学>への道を示すフィールドワーク。

¥2310

自然のおしえ 自然の癒し――スピリチュアル・エコロジーの知恵

●ジェームズ・A・スワン著　金子昭・金子珠理訳

大地とわれわれは一つの心を生きる――世界の聖なる土地が、人間の身・心・霊に及ぼす癒しの力を探求してきた、環境心理学のパイオニアが開くエコロジーの新次元。自然との霊的交流の知恵を満載。

¥2957

惑星意識――生命進化と「地球の知性」

●アーナ・A・ウィラー著　野中浩一訳

生命の進化は意図されている！――“偶然による突然変異”と“自然選択”を奉じるダーウィニズムの欠陥を明らかにし、“進化の設計図”を描く巨大な知性の存在を提唱した画期的な科学エッセイ。

¥2500

地球は心をもっている――生命誕生とシンクロニシティーの科学

●喰代栄一著

生命を構成するアミノ酸やDNAはどのように形成されたのか？「偶然の一致」はなぜ起こるのか？　既成の学説では説明できない現象の解明にいどむウィラー博士の大胆な仮説を平易に紹介！

¥1500

あたたかいお金「エコマネー」――Q＆Aでわかるエコマネーの使い方

●加藤敏春編著＋くりやまエコマネー研究会

いま、エコマネーが注目され、100以上の地域で取り入れられている。「地域社会を活性化する」「人の温かい心を具現化する」これらの新しいコミュニティづくりを支援する「通貨」のすべて。

¥1300

大地の天使たち

●ドロシー・マクレーン著　キャサリーン・トーモッド・カー写真　山川紘矢・亜希子訳

そっと耳を傾けてみませんか。風景・鉱物・樹木……は語っている、「すべての命、宇宙と調和して生きていこう」。フィンドホーンの創始者が自然から受け取ったメッセージに美しい自然の写真を添えて贈る。

¥1500

各定価（5%税込）は、平成15年7月1日現在のものです。品切れの際はご容赦ください。
小社のホームページ http://www.kyobunsha.co.jp/ では様々な書籍情報がご覧いただけます。